生活中的行为心理学

周淑华 —— 著

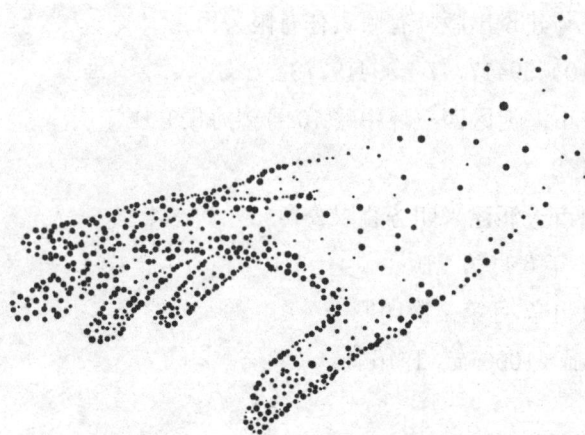

民主与建设出版社

·北京·

©民主与建设出版社，2021

图书在版编目（CIP）数据

生活中的行为心理学 / 周淑华著 . —北京：民主
与建设出版社，2017.3（2021.07 重印）

ISBN 978-7-5139-1457-4

Ⅰ．①生… Ⅱ．①周… Ⅲ．①行为主义 – 心理学 – 通俗读物
Ⅳ．① B84-063

中国版本图书馆 CIP 数据核字（2017）第 058731 号

生活中的行为心理学
SHENGHUOZHONG DE XINGWEI XINLIXUE

著　　者	周淑华	
责任编辑	刘树民	
出版发行	民主与建设出版社有限责任有限公司	
电　　话	（010）59417747　59419778	
社　　址	北京市海淀区西三环中路 10 号望海楼 E 座 7 层	
邮　　编	100142	
印　　刷	三河市天润建兴印务有限公司	
版　　次	2017 年 6 月第 1 版	
印　　次	2021 年 7 月第 2 次印刷	
开　　本	710mm×1000mm　1/16	
印　　张	15	
字　　数	240 千字	
书　　号	ISBN 978-7-5139-1457-4	
定　　价	39.80 元	

注：如有印、装质量问题，请与出版社联系

前言

心理学是一门古老的科学，人类对其的研究可以追溯到中国、埃及、希腊和印度等古代文明。然而，直至 1879 年，德国著名心理学家冯特在德国莱比锡大学创建了世界上第一个心理学实验室，心理学才正式从哲学中独立出来成为一门专业学科。

心理学是研究心智与行为的科学，它可以帮助人们更好地了解自我、洞察人性、解释行为。人的心理千变万化，正是这一点使得心理学成为一个奇妙、复杂的领域。但通过大量的试验以及经验的总结证明，人的心理活动是有一定规律可循的。对于很多心理现象，人们也都很熟悉，只不过由于缺乏科学的理解，才使之显得神秘和难以琢磨。

心理和心理现象是所有人每时每刻都在体验的，是人类生活和生存必需的。可以说，复杂的心理活动正是人类与动物的一个本质区别。心理活动虽然隐藏在人们的内心深处，但它可以通过行为、语言来表现，并且可以通过一定的方式、方法和途径来具体化。

在生活中，人们经常会遇到很多棘手的问题。有时候明明很简单的问题，却因为心理的参与而变得非常复杂，为什么会这样呢？其实，生活中的很多问题与心理学息息相关，无论是健康养生，还是日常交往；无论是求职社交，还是婚恋教子，都会受到心理学的影响。

心理学充满博弈与智慧，是一种武器，是一剂良药，是一缕春风，它可以帮助人们对自己进行全方位的改进，它能帮助人们认识自己、看透别人、看透生活中许多难题。比如性格心理学，可以帮助我们了解对待生活的态度；情绪心理学，可以教我们控制情绪，驾驭自我；社交心理学，可以教我们学会共享，学会共赢；管理心理学，可以帮助我们抓住自身的核心权力；成功心理学，可以帮助我们提高智商和情商等。

细细品味本书，它会告诉你心理定律的无穷奥妙，还会教你轻松运用知识帮助自己实现飞跃式的发展。它将深奥的心理学知识融会贯通于一个个妙趣横生、饱含人生哲理的故事中，它形象分析了行为背后的心理动机，深入浅出地提炼了心理学定律给我们的启示，以指导我们在生活中更好地趋利避害。当你读完此书，你会惊奇地发现：原来心理学并非艰涩难懂，并非抽象得难以捉摸，只要细细品读，就能充分掌握。

本书是为非专业人士准备的心理学普及性读物，通俗易懂，贴近生活，以心理学的角度，从现实生活中最常见的案例出发，几乎涉及了生活的所有层面，用通俗的语言向读者介绍与工作、生活密切相关的心理学常识、法则，以及正确观察事物、思考问题、认识自我的方法，对一些常见的心理现象进行阐述和分析，对一些心理误区进行解释和指导，从而使人们的心理达到健康、积极、稳定的状态。

目录
contents

01 —————— 用乐观心态面对生活 / 001

02 —————— 不生气的选择 / 004

03 —————— 寻找生命中的快乐 / 007

04 —————— 有贪心就会有痛苦 / 011

05 —————— 我们到底要什么 / 014

06 —————— 没有感恩，就没有快乐 / 018

07 —————— 试着去爱你不喜欢的人 / 021

08 —————— 别为琐事烦恼 / 023

09 —————— 每天给自己一个希望 / 027

10 —————— 快乐是心灵的天堂 / 029

11 —————— 扮演好自己的角色 / 031

12 —————— 别把坏情绪传过来 / 033

13 —————— 把烦恼写在纸上 / 036

14 —————— 向下比较 / 039

15 —————— 清理心灵花园中的杂草 / 041

16 —————— 把喜怒哀乐装在兜里 / 043

17 —————— 人生难得糊涂 / 046

18 —————— 在心中种一株向日葵 / 048

19 —————— 好心情可以装出来 / 051

20 —————— 守住内心的宁静 / 053

21 —————— 别为打翻的牛奶哭泣 / 056

22 —————— 把压力转化为动力 / 058

23 —————— 用乐观的心情攻克难关 / 061

24 —————— 不抱怨，提高你的逆境商数 / 064

25 —————— 成功并不是想象的那么复杂 / 066

26 —————— 输得起才能赢得起 / 069

27 —————— 危机就是转机 / 072

28 —————— 抛弃时间的人，时间也抛弃他 / 074

29 —————— 活到老，学到老 / 077

30 —————— 兴趣是求知最好的老师 / 081

31 —————— 心志专一，才会事有所成 / 083

32 —————— 赞美是束温暖的阳光 / 086

33 —————— 寻找别人感兴趣的话题 / 090

34 —————— 表达出你的诚实与热情 / 092

35 —————— 倾听一下别人的心声 / 096

36 —————— 说话要有"气势" / 100

37 —————— 向批评致谢 / 102

38 —————— 笑着迎接别人的误会 / 106

39 —————— 丢脸，其实是一种磨炼 / 108

40 —————— 用热情打动别人 / 111

41 —————— 有时候，示弱一下 / 113

42 —————— 宽容别人，就是善待自己 / 116

43 —————— 适当地吃醋，让爱情更美好 / 119

目
contents
录

44 —— 放下，即快乐 / 122

45 —— 花点心机，才能留住人心 / 125

46 —— 让家变成最温暖的地方 / 128

47 —— 爱上缺点 / 131

48 —— 得到的就是最好的 / 133

49 —— 唠叨是爱情的坟墓 / 135

50 —— 爱面子是性格上的缺陷 / 138

51 —— 相信自己，相信成功 / 141

52 —— 患得患失，失去的是机遇 / 144

53 —— 心胸狭窄的悲哀 / 147

54 —— 搬开拖延的绊脚石 / 149

55 —— 学会忍耐 / 152

56 —— 让快乐成为一种工作习惯 / 155

57 —— 取悦你的老板 / 158

58 —— 如果我是老板会怎样 / 161

59 —— 做自己的"伯乐" / 164

60 —— 嫉妒别人，折磨的却是自己 / 166

61 —— 与其抱怨，不如好好反省 / 169

62 —— 不把工作带进家 / 172

63 —— 只要"心想"，就会"事成" / 175

64 —— 做自己喜欢的事情 / 178

65 —— 做一些别人没有做过的事 / 181

66 ——— 用信心去敲门 / 184

67 ——— 面对"退换"，用点耐心 / 186

68 ——— 把话说到他人心坎里去 / 188

69 ——— 让他恋上你 / 191

70 ——— 让顾客高兴地去"上当" / 194

71 ——— 赚钱不是人生的唯一目标 / 198

72 ——— 对待财富的正确心态 / 201

73 ——— 自己就是金钱的主人 / 204

74 ——— 改掉挥霍金钱的习惯 / 207

75 ——— 与他人一起分享财富 / 210

76 ——— 贪婪是一口陷阱 / 213

77 ——— 务实是赚钱的起点 / 215

78 ——— 心病还需心药医 / 218

79 ——— 减轻压力的几种方法 / 221

80 ——— 给自己的心情放个假 / 224

81 ——— 学做自己的心理医生 / 227

82 ——— 千金难买一笑 / 230

01 用乐观心态面对生活

现代社会，随着生活节奏的加快，人的压力越来越大，老人的赡养，工作的安排，家庭的压力，子女的就业，儿女的嫁娶，社会的竞争，人际的交往等等，无不侵扰打搅着我们的生活。无奈、烦躁、忧虑、彷徨，甚至悲伤、绝望。把我们团团围住，也使得我们越来越疲惫。在工作、家庭双重重担的压力下，我们变得老了许多。我们在不自觉地跟同学、同事的比较之中变得悲观，变得消极，变得不知道如何处理我们的情绪。

其实生活中诸多的不如意，我们没必要过多地计较个人的得与失；把心放宽，你就会发现你的生活永远是阳光明媚的春天。

《鲁滨逊漂流记》里面的主人公鲁滨逊·克罗索，被海浪带到一个荒无人烟的小岛上，度过了漫长的二十六年。

鲁滨逊被送到小岛上的第一天，他列出了两份清单，一份列出自己的不幸以及面对的困难，另一份是列出自己的幸运以及拥有的东西。他在第一份清单上写了"流落荒岛，摆脱困境已属无望"。第二份清单上写船上人员，除了我以外全部葬身海底。鲁滨逊利用一切，改变了自己的命运，利用枪、陷阱捕捉猎物；自己搭建房子，这些奇迹般的生活让鲁滨逊不至于饿死，这些生活的起因都是那两份清单。

鲁滨逊的故事是我们从小就了解的故事，从他的身上我们可以提取一些我们可以学习到得地方。在日常生活中，面对问题时，可以先列两份清单，写一写自己所拥有的，是否命运真的如此不公；再来想想，凡事向好的方面着想，也就会发现其实我们已经过得很好了，我们已经拥有了很多，我们的生活也已经很幸福了，至少我们不用露宿街头，忍饥挨饿。凡事乐观地去想，就会打开自己的心结，更好地生活下去，心境也就会更加明朗。

凡事向好的方面着想，并不是盲目乐观，而是科学地对待困难和挑战，从挫折和挑战中寻找人生突围的缺口和良机。仔细审视我们周围普通人的生活和成长、成功经历，不难发现，许多人的生活印证了这样一事实：只有扎扎实实生活，正视现实、不甘沉沦、努力向前，任何困难都会被战胜，任何逆境都会过去！

有这样一个家长与孩子互动的游戏——"凡事往好处想"的游戏。

妈妈问孩子："今天上学发现，口袋的十元不见了，请往好处想……"

孩子回答："还好不见的不是一百元……"

父亲回答："捡到的人一定很高兴……"

妈妈问孩子："今天上学后开始下起大雨，请往好处想……"

孩子回答："还好舅舅家住的近，可以帮我送伞……"

妈妈问孩子："很用功的准备期中考试，结果成绩非常的不理想，请往好处想……"

孩子回答："还好不是期末考试……"

这个游戏很有趣，凡事往好处想，整个心情就变得不一样了。记得有个故事，一个女孩遗失了一支心爱的手表，一直闷闷不乐，茶不思、饭不想，甚至因此而生病了。

神父来探病时问她："如果有一天你不小心掉了十万元钱，你会不会再大意遗失另外二十万呢！"

女孩回答："当然不会。"

神父又说："那你为何要让自己在掉了一块手表之后，又丢掉了两个礼拜的快乐！甚至还赔上了两个礼拜的健康呢！"

女孩如大梦初醒般地跳下床来，说："对！我拒绝继续损失下去，从现在开始我要想办法，再赚回一块手表。"

人生嘛，本来就是有输有赢，更是有挑战性的，输了又何妨。只要真真切切地为自己而活，这才叫作真正的生命。有些人就是因为不肯接受事实重新开始以致越输越多，终至不可收拾。凡事都向好的方面着想，是一种积极进取的人生态度。在市场经济竞争日益激烈的形势下，每个人都面临挑战，但更多的是机遇。向好的方面着想，就是弱化挑战、放大机遇，以饱满的精神迎接机遇、把握机遇。

乐观的人处处可见"青草池边处处花"，"百鸟枝头唱春山"；悲观的人时时感到"黄梅时节家家雨"，"风过芭蕉雨滴残"。

一个心态正常的人可在茫茫的夜空中读出星光灿烂，增强自己对生活的自信；一个心态不正常的人让黑暗埋葬了自己且越葬越深。

因此，无论何时何地身处何境，都要用乐观的态度微笑着对待生活，微笑是乐观击败悲观的有力武器。微笑着，生命才能将不利于自己的局面一点点打开。

守住乐观的心境："不以物喜，不以己悲"；就能看遍天上胜景，览尽人间春色。

不生气的选择 02

在生活中我们常常会莫名的上火、不爽甚至于生气，这是为什么呢？很多时候是由于有些人、有些事不符合我们的想法，或者事情向着反面发展而造成消极的影响。但是人生不如意的事情十之八九，岂能事事尽如人意呢。

一首老歌《祝你平安》中唱道："你的心情现在还好吗？你的脸上还有微笑吗？人生自古就有许多愁和苦，请你多一些开心少一些烦恼。你的所得还那样少吗？你付出还那样多吗？生活的路总有一些不平事，请你不必太在意，洒脱一些过得好。"

人生路漫漫，总有许多琐事、不平之事让我们为之烦恼，为之生气。但是，俗话说："生气是拿别人的错误惩罚自己"。生气与否在于我们自己的态度，生气与不生气也是一种选择，生气很容易，做到不生气则需要极高的智慧。而生气对于我们的身体是有所损害的，三国当中周瑜就是因为嫉妒而被诸葛亮气死的。万病从心生，说穿了就是首先从气生起的。当然，这里的气就是情绪之气，即生气的气。中医里有"怒伤肝"的理论。《素问·阴阳应象大论》说："暴怒伤阴，暴喜伤阳，厥气上逆，脉满去形，喜怒不节，寒暑过度，生乃不固。"《灵枢·百病始生篇》说："喜怒不节，则伤脏。"以上论述都是说明愤怒、生气非常容易伤害肝脏等各脏腑器官。肝脏存储有人体大量的气血。而"怒则气上"，生气会使人体肝脏储存的气血急剧从肝脏出来，导致肝脏储备的气血流失。如果一个人很容易生气，并且常常生气，时间久了必然导致肝脏自身的功能受损。所以遇到不如意的事情我们少生气，多想想办法冷静地处理，这样首先是有利于我们的身体。

有一个女性朋友办了一家企业，事业做得很成功。可是，她得了偏头疼，怎么治也治不好。到医院去检查，有的医生说是血管性头疼，有的说是神经性头疼，也有的说可能是因为颈椎有问题，有的则认为可能是心脏供血不足造成的。

总之，说法不一，诊法各异。最后，她被安排去做了一个核磁共振，结果显示脑袋里什么问题也没有。后来，这位朋友自己找到得偏头疼的原因了，原来她和婆婆住在一起，现在跟老公搬出来单住。搬出来以后，她的偏头疼就好了。

她说："我一直不知道我婆婆才是病因。每次回家的时候，只要一看见婆婆，就有点儿不舒服，头就开始隐隐作痛。因为婆婆很强势，看不惯我做事的方式，总是爱唠叨，听得我脑袋发胀。结果到了夜里，我就睡不着觉，还做噩梦。时间一长，我就老头疼。"

有趣的是，她婆婆原先有慢性肠炎，也是久治不愈，自从她搬走以后，也很快就好了。原来，她婆婆得病也是因为老跟她生气。

所以，这婆媳俩有一个共同的简单病因，就是有一股不平之气。

生活中的不愉快可能对我们的身体影响并非立竿见影的，但是长此以往是非常不利于我们的健康。生气时伤神伤心，有一首《不气歌》："他人气来我不气，我本无心他来气；倘若生病中他计，气下病来无人替；请来医生把病治，反说气病治非易；气之为害大可惧，诚恐因病将命弃；我今尝过气中味，不气不气真不气。"我们可以经常唱上两句，气下病来无人替，不气不气真不气！

生气与不生气也在于我们的心态。我们可以选择不生气，给自己一个好心情，也给他人一点空间。正如快乐是一天，不快乐也是一天，我们为什么不快快乐乐地过好这一天呢？遇到事情如果我们生气的话，首先伤害了自己的身体，其次生气也未必可以解决问题，甚至在我们冲动的情况下，可能出言过重伤害到他人或者做出一些失去理智的行为，这样不仅不利于事情的解决，反而会让事情越来越复杂。有的人个性急躁，没有耐性，稍微遇到一点不如意或小小的刺激，就暴跳如雷或轻举妄动，粗心莽撞就容易铸下大错。等到大错铸成，后悔也来不及了。

从前在一座茂密的森林中，住着许多鸽子，其中有雌雄两只鸽子，同造一巢，住在一棵大树上。它们像年轻的小夫妇，相亲相爱，同甘共苦，过着快乐的日子。

这年秋天，有人在后山种了一山的果树，秋风一吹，各种果子都成熟了。鸽子们飞到后山果园中，当园主不注意时，偷了很多果子回来，满满地堆积在巢里，预备做冬天的干粮。

两只鸽子以为不必再愁冬天的食物了，便悠闲了几天。可是天气干燥无雨，不知不觉所有的果子都干缩，那满满堆在巢里的果子，仅仅剩下半巢。这天雄鸽自外面归来，见此情形，大发雷霆，责怪雌鸽道："我们一起千辛万苦到后山采来的果子，你却单独享用，才没几天，已经被你偷吃了半巢果子，还不到冬天，就全给你吃光，你太自私了！"

雌鸽不服，忙反驳道："没有这回事，巢中的果子，自采回来后，我一个也没动过，哪会独自偷吃！"

"你还不承认，强词夺理，你看，果子不是剩下一半了吗？事实证明，还要抵赖！"

"那果子自己减少的，我并没有吃，请相信我！"雌鸽苦苦哀求。

雄鸽不信，仍然怒气冲冲地道："你不曾独自偷吃，果子怎么会减少呢？"说着，马上用它尖锐的嘴啄过去，雌鸽抵挡不住，挣扎几下，就被雄鸽啄死了。

雄鸽以为知面不知心，得意扬扬，认为大害已除，今后无忧。哪知过了几天，忽然天空中乌云密布，风驰电掣，下了一场大雨，那储藏在巢中的果子，受了雨水的潮气，重新膨胀起来，和先前一样，满满堆积了一巢。雄鸽见此情景，方才大悟，捶胸顿足，号啕大哭。凭一时怒气，竟误杀了雌鸽，它后悔莫及，天天悲切地停在树上，声声唤着雌鸽道："你到哪里去了呢？你到哪里去了呢？"

所以，当我们遇到生气的事情，首先要冷静下来，不要冲动，心平气和；然后，考察事情的原委，研究分析其来龙去脉及前因后果，了解其真相，经过一番深思熟虑之后再去处理，考虑有没有比较可行的解决办法。这样事情可能在我们理智的处理下反而往好的方向发展，也化解了之前的不愉快。

在日常生活中，我们常常会有很多的小脾气，但是事后回过头想想，那些惹得我们发脾气的事情其实没什么大不了，不过是一些小事、一段小插曲而已，只是当时太认真了。所以，遇事不要太较劲，让不生气成为我们的一种习惯，控制好自己的情绪，不要太在意得失，给自己一个好心情！

03 寻找生命中的快乐

　　难道说我们富了就一定幸福吗？我们每个人都在不停地追问着，到底什么才是幸福？难道说我们成为房奴、车奴就是幸福吗？难道说靠网络一脱成名，随之名利来了之后就能幸福吗？不是。其实幸福不在名利中，幸福在我们内心深处。

　　古人云：百姓日常生活即为道，而自不知。意思是说，我们的吃喝拉撒睡等日常生活就是道，而我们自己却不知道这个就是道；往往是早晨挤公交车被别人踩了一脚，到了晚上还在愤愤不平，自寻烦恼。正如白云禅师的《蝇子透窗偈》：

　　为爱寻光纸上钻，不能透处几多难。
　　忽然撞着来时路，始觉平生被眼瞒。

　　大意是苍蝇喜欢朝光亮的地方飞。如果窗上糊了纸，虽然有光透过来，可苍蝇却左突右撞飞不出去，直至找到了当初飞进来的路，才得以飞了出去，也才明白原来是被自己的眼睛骗了。苍蝇放着洞开无碍的"来时路"不走，偏要钻糊上纸的窗户，实在是徒劳无益，白费工夫。

　　这首诗偈通俗易懂却又意喻深刻，诗中的"来时路"喻指每个人的生活都有值得去品味的地方，只可惜往往不加以注意罢了。而"被眼瞒"一句更是深有寓意，意指人们常常被眼前一些表面的现象所欺骗，无法发现生活的快乐和幸福。此偈选取人们常见的景象，语意双关、暗藏机锋，启迪世人不要受肉眼蒙蔽，而要用心灵去体会那些生活中通常被人们忽略而又美丽的瞬间。

　　有个人听说有一位很有名的乐观者，于是，他便去拜访这位乐观者。

　　乐观者乐呵呵地请他坐下，很有礼貌地帮助他解决心中的烦恼。

　　"假如你一个朋友也没有，你还会高兴吗？"这个人开门见山地问。

　　"当然，我会高兴地想，幸亏我没有的是朋友，而不是我自己。"

"假如你正行走间，突然掉进一个泥坑，出来后你成了一个脏兮兮的泥人，你还会快乐吗？"

"我还是会很高兴的，因为我掉进的只是一个泥坑，而不是万丈深渊。"

"假如你被人莫名其妙地打了一顿，你还会高兴吗？"

"当然，我会高兴地想，幸亏我只是被打了一顿，而没有要我的性命。"

"假如你去拔牙，医生错拔了你的好牙而留下了患牙，你还高兴吗？"

"当然，我会高兴地想，幸亏他错拔的只是一颗牙，而不是清除了我的心脏。"

"假如你正在睡觉，忽然来了一个人，在你面前用极难听的嗓门唱歌，你还会高兴吗？"

"当然，我会高兴地想，幸亏在这里号叫着的是一个人，而不是一匹狼。"

"假如你马上就要离开这个世界，你还会高兴吗？"

"当然，我会高兴地想，我终于高高兴兴地走完了人生之路，可以高高兴兴地去参加另一个'宴会'了。"

"这么说，生活中没有什么是可以令你烦恼或者痛苦的？"

"是的，只要你愿意，你就会在生活中发现和找到快乐。痛苦往往是不请自来，而快乐和幸福往往需要人们去发现，去寻找。"乐观者说。

听到了乐观者这一连串的快乐表白，拜访者也悟出了其中的道理，因而，他的生活也充满了欢乐。

很显然，如果我们不能用心去体会的话，或者缺乏珍惜之心，是很难意识到快乐的所在，有时甚至连正在历经的快乐都会失去。正如一位哲学家曾说过的：快乐就像一个被一群孩子追逐的足球，当他们追上它时，却又一脚将它踢到更远的地方，然后再拼命地奔跑、寻觅。

人们都追求快乐，但快乐不是靠一些表面的形式来获得或者判定的，快乐其实来源于每个人的心底。安徒生曾经著有一则名为《老头子总是不会错》的童话故事，说的就是如何去寻找生命中的快乐，如何去寻找属于自己心灵深处的幸福感。

在某个地方的乡村，有一对清贫的老夫妇，有一天他们想把家中唯一值钱的一匹马拉到市场上去换点更实用的东西。

于是，老头子牵着马去赶集了。他先与人换了一头母牛，又用母牛去换了一只羊，再用羊换来一只肥鹅，又把鹅换了母鸡，最后用母鸡换了别人的一袋子烂苹果。在每次交换时，老头都幻想着能给老伴带去惊喜。

当他扛着大袋子来到一家小酒店歇息时，遇上两个英国人。闲聊中他谈到了自己赶集的经过，两个英国人听后哈哈大笑，说他回去准会被他老婆臭骂一顿。老头子坚持说这种事情绝对不可能发生。英国人就用一袋金币打赌，三个人于是一起来到老头子家中。

老太婆见老头子回来了，非常高兴，她兴奋地听着老头子讲赶集的经过。每听老头子讲到用一种东西换了另一种东西时，她都充满了对老头子的钦佩。她嘴里不时地说着：

"哦，我们有牛奶了！"

"羊奶也同样好喝。"

"哦，鹅毛多漂亮！"

"哦，我们有鸡蛋吃了！"

最后听到老头子背回一袋已经开始腐烂的苹果时，她同样不愠不恼，大声说："我们今晚就可以吃到苹果馅饼了！"结果，英国人输掉了一袋金币。

生活本来就是柴米油盐这些烦琐而又现实的组合，每个人的生活都是如此。与其看不如意的方面，不如学会寻找乐趣，看生活中好的一面。如果我们能够像《老头子总是不会错》中的老太婆一样看待生活，用心去体会平凡中的幸福与快乐，那么微笑就会时常挂在嘴角，幸福的甜蜜也会永驻心间！

生活中的情趣是靠心灵去体会的。去掉繁杂，我们的心会更简单，会得到更多的快乐。生命短暂，找到自己的快乐才是本质，这才是幸福的本源。

人活着，要做的事情很多，奢望每一件都能按自己的设想发展结局，是根本不可能的！一切的羁恋苦求无非徒增烦恼。只有一切随缘，才能平息胸中的"风雨"，发现处处是快乐。

如果想真正做到任运随缘，那我们就应该向唐代高僧赵州禅师多取取经。

唐代高僧从谂禅师，因为久居赵州（今河北省赵县）观音院，因此被唤作"赵州禅师"。

一日，两名云游僧到赵州禅师所在的观音院挂单，恰好与赵州禅师相遇。

赵州禅师问其中一名云游僧："你以前到过这儿吗？"

僧答："到过。"

赵州禅师说："吃茶去。"

赵州禅师又问另外一僧，僧答："我第一次到这里来。"

赵州禅师说："吃茶去。"

观音院住持大惑不解，问道："来过也吃茶去，没来过也吃茶去，这是什么意思？"

赵州禅师大叫一声："住持！"

观音院住持脱口而答："是！"

赵州禅师说："吃茶去。"

面对略有浮躁的社会，我们应该多一些"任运随缘，不涉言路"的态度，人生才会豁达。只有"遇茶吃茶，遇饭吃饭"，除去一切颠倒攀缘，才是畅快人生的真谛。

面对生活中的种种烦恼和痛苦，我们不必过于生气。既然它们随风而来，就让它们随风而去吧！

04 有贪心就会有痛苦

人生需要如何才能摆脱痛苦呢？如何才能不生气呢？那就是不贪念。有贪念就会产生烦恼，就会生气，让自己永远陷在一个痛苦的泥潭里。或许有人会说，不贪还怎么生活啊？人活着就必须获得物质基础，获得不就是贪吗？其实贪与不贪全在于你的心理上对它的认识。

汉朝开国六十年后的汉武大帝是中国历史上一位非常著名的皇帝。他的母亲窦太后在汉武帝登基之后，悄悄地为他匿名占了很多土地，然后就唆使下面那些官吏去抢占有这些土地。事发之后，一般人都不敢去查这些，也不知道这些土地是谁的。后来终于有忠言直谏的大臣就往上汇报，说查半天也找不到这些土地的主人。汉武帝听了很生气，说全国这么多人吃不上饭闹饥荒，竟然还有这么大片的土地被人占了还查不出来？他立即下令派专人追查到底。官员接到命令后很快就调查清楚就据实报了上来。

汉武帝听了大臣的汇报后就去问窦太后这么做的原因。窦太后对他说，你虽然是皇帝，拥有天下的土地，可是真正属于你自己的土地一块儿也没有。

汉武帝不禁问：这个国家都是我的啊！按照古人说的话，天上地下凡是我所想到的地方都属于我的，我为什么还要为自己划那么一小块地呢？

窦太后说，这个国家是你的并没有错，可那只是一个虚名而已。其实只有这块划到你名下的地才是你真实所有的。

汉武帝反问道：国家这个虚名也是在我的名下，那块土地你再写到我名下不是多此一举吗？同样不都是一个虚名而已吗？我们对国家的拥有，和对那一小块土地的拥有，不都是一个名而已，您何苦要划到我的名下呢？

我们可以想一想，窦太后其实并不是没有境界，没有境界的时候是她当皇太后之前。只是她当皇太后之后全天下已经没有和她对比的更高境界了。即便有，因为她贵为皇太后，谁又敢教导皇太后呢？

所以人有时候当本身境界不够高的时候，跨入了一个高度，没有更高级别的人去指导他，没有更大的宏伟的理念来促使他前进的时候，他没有动力了。并且，一个曾经的成功者在成功之后再回到成功前时，一定会做糊涂的决断。所以一个人达到一定的高度时，接下来就是掉下去，而且掉得很惨。我们常常设定人生目标，有时候设定的目标很快实现了，怎么办呢？为了使自己不得病，就需要设立一个更新的、更高的目标。只有这样，才能使自己的人生变得快乐和精彩起来。

快乐精彩的人生绝不是不工作。比如说一个三十岁的人的目标是赚一百万，他花了十年的时间就实现了。可他成功后才四十岁，实现了目标后他接下来该干什么呢？他剩下的时间绝不是吃喝玩乐这么简单的，他需要再设立一个新的目标，再去实现它。否则他就会失去生活的乐趣。

有人可能会说，人生无非是获得功利的过程，辛辛苦苦创造事业都是为了财和利。不错，财富和名利正是人类赖以生存的东西。我们积累粮食，是为了让自己和遇到灾难没有饭吃的人能够吃饱维系生命；积累钱财是为了能为自己的将来和后代，甚至还有更多可能有需求的人获得有衣穿、有饭吃、有房子住的机会。

《菜根谭》中主张："爵位不宜太盛，太盛则危；能事不宜尽华，尽华则衰；行宜不宜过高，过高则谤兴而毁来。"意即官爵不必达到登峰造极的地步，否则就容易陷入危险的境地，自己贪心也不可过度，否则就会转为衰颓。

同理，在追求的时候，也不要忘记"乐极生悲"这句话，适可而止，才能掌握真正的快乐。大凡美味佳肴吃多了就如同吃药一样，只要吃一半就够了；令人愉快的事追求太过则会成为败身丧德的媒介，能够控制一半才是恰到好处。所谓"花看半开，酒饮微醉，此中大有佳趣。若至烂漫酕醄，便成恶境矣。履盈满者，宜思之。"意即赏花的最佳时刻是含苞待放之时，喝酒则是在半醉时的感觉最佳。凡事只达七八分处才有佳趣产生。正如酒止微醺，花看半开，则瞻前大有希望，顾后也没断绝生机。如此自能悠久长存于天地畛域之中。

又如："宾朋云集，剧饮淋漓乐矣，俄而漏尽烛残，香销茗冷，不觉反而呕咽，令人索然无味。天下事率类此，奈何不早回头也。"痛饮狂欢固然快乐，但是等到曲终人散，夜深烛残的时候，面对杯盘狼藉必然会兴尽悲来，感到人生索然无味，天下事大多如此，为什么不及早醒悟呢？

常常看到有些人为了谋到一官半职，请客送礼，煞费苦心地找关系、托门路、机关用尽，而结果还往往与愿相违；还有些人因未能得到重用，就牢骚满腹，借酒浇愁，甚至做些对自己不负责任的事情。凡此种种，真是太不值得了！他们这样做都是因为太醉心于名利，甚至把自己的身家性命都压在了上面。其实生命的乐趣很多，何必那么关注功名利禄这些身外之物呢？少点贪心，多点情趣，人生会更有意义，何况该是你的跑不掉，不该是你的争也白搭。因此，注重中庸并保持淡泊人生，乐趣知足的心态，才能使自己体会出无尽的乐趣，达到人生的理想境界。

古人云：求名之心过盛必作伪，利欲之心过剩则偏执。面对名利之风渐盛的社会，面对物质压迫精神的现状，能够做到视名利如粪土，视物质为赘物，在简单、朴素中体验心灵的丰盈、充实，并将自己始终置身于一种平和、自由的境界。

人类对财富名利的看法，由于认知上的不同，导致了它的性质上的不同，给我们带来身体上的感受也不同。财富的积累绝不是坏事，正确地认知财富能够让我们认知贪念。那么，财富多了也能使你更积极、更向上、更勤奋，但不贪婪。此外，贪婪的人不一定能真正获得大财富；而不贪婪的人往往能容易获得大的财富。

拥有现有的，创造未来的，在贪念面前保持平常心。贪与不贪，在于你心的境界对财富名利的认识。只有不断地修正人生的目标，你才能获得健康；只有不断更新人生的目标，你才能获得快乐。

我们到底要什么 05

人活百岁无非生死，活明白了，自然知道自己要什么不要什么。清楚了因也就知道了果。目标清晰，人生的路上才不会有迷惑、烦恼、无助。

《六祖坛经》中讲，"善知识，世人终日口念般若，不识自性般若，犹如说食不饱。口但说空，万劫不得见性，终无有益。"

意识是说，善知识，世人一天到晚在口头上念诵般若，但他们没有认识到般若智慧就存在于他们自己的本性中，这就像整天念食物名称而不能充饥饱腹一样。只在嘴上念叨空，就是花费一万劫的时间，也不能正确认识自我的本性，到头来还是毫无益处。

六祖慧能禅师的悟禅其实和我们现实生活中的事业奋斗是一样的。如果在悟禅时"只在嘴上念叨空"，而不去探究其中的"究竟"；那么，这段看似在用功努力实践的实则是荒废掉了。慧能禅师认为如果这样的话，"就是花费一万劫的时间，也不能正确认识自我的本性，到头来还是毫无益处"。

正如六朝时的宝口禅师的一首偈语：

口内诵经千卷，体上问经不识。

不解佛法圆通，徒劳寻行数墨。

不管是六祖慧能禅师也好，还是宝口禅师也罢，他们都想揭示一个禅理，那就是人活百岁一定要有一个明确的目的，不能混混沌沌混一世。

的确，人生是短暂的。倘若我们不能正视人生，人生就会如流水般——只有流走的，却没有留下的。因此我们一定要明白我们这短暂的一生是怎样度过的，怎样过才是有意义的呢？

一天，佛陀等弟子们化缘归来后，问他们道："弟子们！你们每天忙忙碌碌托钵化缘，究竟是为了什么呢？"

弟子们双手合十，恭声答道："佛陀！我们是为了滋养身体，以便长养色身，来求得生命的清净解脱啊。"

佛陀用清澈的目光环视着弟子们，又沉静地问道："那么，你们且说说肉体的生命究竟有多长久？"

"佛陀！芸芸众生的生命平均起来不过几十年的光阴。"一弟子自信地回答。佛陀摇了摇头："你并不了解生命的真相。"

另一个弟子见状，充满肃穆地说道："人类的生命就像花草，春天萌芽发枝，灿烂似锦；冬天枯萎凋零，化为尘土。"

佛陀露出了赞许的微笑："嗯，你能够体察到生命的短暂迅速，但对佛法的了解仅限于表面。"

又有一个无限悲怆的声音说道："佛陀！我觉得生命就像浮游虫一样，早晨才出生，晚上就死亡了，充其量只不过一昼夜的时间！"

"嗯！你对生命朝生暮死的现象能够观察入微，对佛法已有了深入肌肤的认识，但还不够究竟。"

在佛陀的不断否定、启发下，弟子们的灵性逐渐地被激发起来。又一个弟子说："佛陀！其实我们的生命跟朝露没有两样，看起来不乏美丽，可只要阳光一照射，一眨眼的工夫它就干涸消逝了。"

佛陀含笑不语。弟子们更加热烈地讨论起生命的长度来。这时，只见一个弟子站起身，语惊四座地说："佛陀！依弟子看来，人命只在一呼一吸之间。"

语音一出，四座愕然。大家都凝神地看着佛陀，期待佛陀的开示。

"嗯，说得好！人生的长度，就是一呼一吸。只有这样认识生命，才是真正体现了生命的精髓。弟子们，你们切不要懈怠放逸，以为生命很长，像露水有一瞬，像浮游有一昼夜，像花草有一季，像凡人有几十年。生命只是一呼一吸！应该把握生命的每一分钟，每一时刻，勤奋不已，勇猛精进！"

人们往往在生与死的抉择中，才能体会到生命的意义，才会明白活着的价值。不要将自己的生命浪费在那些没有丝毫意义的事情上，要抓住每分每秒可以利用的时间充实自己。只有目标清晰，其过程才会充实，并且在奋斗的过程中才会度过各种艰险苦难，最终修成正果。

在佛家有这样一个真实的故事。

在初唐时的洛阳净土寺，一个年轻的和尚因家中贫困，13岁（或说11岁）在这里出了家。他每日除了做早、晚课外，寺里的方丈还要他洒扫寺院、担水及负责去后山采买。而其他和尚与他相比则要清闲许多，即便是被分配购物，也是去寺前较近的集市买些零碎东西。

就这样一晃十几年过去了，年轻的和尚突然有一天觉得有些不公，就去找方丈理论。老和尚听完后笑而不答，只是低头吟了一声佛号。第二天，当这个青年和尚背着一袋米从后山市镇赶回来时，却发现方丈正在寺院门口等待。老和尚笑着示意他放下米袋休息，然后自己也找了块平地盘腿而坐……

时间过去了大半天，直等到日落西山时他们才看见两个小和尚抬着一小袋食盐说说笑笑的朝寺院走来。方丈起身很不客气地问他们，我一大早就让你们去买盐。路途不远又很平坦，但你们为什么回来得这么晚呢？

一个小和尚低着头胆怯的回答，我们一路上谈笑看风景，走累了还要休息休息，所以回来晚了。方丈转身又问年轻和尚，寺后的市镇那么遥远，道路又崎岖不平，背着这么重的米袋还要翻越两座山峰，为什么回来比他们早呢？

年轻和尚回答道，由于肩上的东西重，我走路时就要格外小心，这样反而会走得又稳又快。十几年来我每天想的都是早去早归，这已养成习惯。在路途中我的心里只有目标，所以反而忽视了道路的坎坷和崎岖……

方丈听完后笑着说，道路平坦了，心反而不在目标上了。在坎坷的路上行走，才能磨炼出一个人的心志啊！年轻和尚顿时大悟，此后，他变成更加刻苦、勤奋和精进。

不久，寺里进行一次严格、全面的考核，内容包括体力、毅力、诵经、悟性等等。而这位年轻的和尚没有辜负老方丈对他的期望，以优异的成绩在众僧中脱颖而出。他就是我国唐朝著名的三藏法师、汉传佛教历史上最伟大的翻译家、法相宗的创始人——玄奘法师。

他年轻时在坎坷道路上的艰苦磨炼，成就了他西行取经的伟大壮举；他"心中只有目标"的坚定信念，使他能够历经千难万险而取回了真经！

有的人生命虽然短暂，然而他们活得却很精彩；有的人虽然能够活到百岁，然而他们却稀里糊涂、空活百年；有的人总是因为害怕死亡而嫌时间过得太快，事实上他们每天都在浪费着时间；有的人却忙碌得来不及考虑这些无谓的问题，他们的时间每一分每一秒都被充分利用上了，根本"来不及老"。而这种"来不及老"的人，虽然无法达到参透生死的境界，然而他们离这种境界却并不遥远。

佛光禅师门下的大弟子大智，出外参学三十年后归来，正在法堂里向佛光禅师述说此次在外参学的种种经历。

佛光禅师总以慰勉的笑容倾听着，最后大智问道："师父，这三十年来，您老一个人还好？"

佛光禅师道："我很好，每天在法海里泛游，讲学、说法、著作、写经，世上没有比这种更欣悦的生活了。我每天忙得很快乐。"

大智关心地说道："师父，您应该多一些时间休息！"

夜深了，佛光禅师对大智说道："你休息吧，有话我们以后慢慢谈。"

清晨在睡梦中，大智隐隐中就听到佛光禅师的禅房传出阵阵诵经的木鱼声。

白天，佛光禅师总不厌其烦地对一批批来礼佛的信众开示，讲说佛法。一回禅堂不是拟定信徒的教材，便是批阅学僧的心得报告，每天总有忙不完的事。

好不容易看到佛光禅师刚与信徒谈话告一段落，大智忙过来抢着问佛光禅师道："师父，分别这三十年来，您每天的生活仍然这么忙碌，怎么都不觉得您老了呢？"

佛光禅师道："我没有时间觉得老呀！"

"没有时间老"，这句话后来一直在大智的耳边回响着。

事实上，佛光禅师并非没有老。毕竟三十年的时间对于谁来说都不算短，那么他为什么没有觉得自己老呢？

这主要还是在于他对待人生的态度上。正是他将自己每天的工作安排得很充实，让原本一天中的无数个断点紧密地联系在了一起，他才"来不及老"的。

许多人都有这样的感受：当我们还是孩童时曾经有过许多的梦想，但当我们还未想如何去实现这些梦想时，死亡已经悄然而至。我们只能感叹、只能埋怨我们没有看清什么是人生。于是我们祈求上天能让我们回到从前，但那只能是一厢情愿的奢望而已。所以无论我们现在是背着书包上学堂的娃娃，还是上有老下有小的中年，抑或是白发斑斑的老人，都要珍惜我们剩余的人生。奔着我们拟定的人生目标实实在在地做点努力，便不会留下那么多的遗憾与悔恨了。

"人的一生应当这样度过：当他回首往事时不因虚度年华而悔恨，也不因碌碌无为而羞耻。"

的确，我们只有将这句话领悟于心，度过人生，在离开这个世界的时候才能无怨无悔、坦然面对。

没有感恩，就没有快乐 06

感恩是一种处世哲学，也是生活中的大智慧。一个智慧的人，不应该为自己没有的斤斤计较，也不应该一味索取和使自己的私欲膨胀。学会感恩，为自己所拥有的而对世界充满感恩，感谢生活给予你的恩赐。这样你才会有一个积极的人生观，这样你才会有一个健康的心态。

哈佛学子认为每天都对身边的人道声谢，不仅会使自己有积极的想法，还会让别人感到快乐。

在别人需要帮助时，伸出援助之手；而当别人帮助自己时，以真诚微笑的表达感谢；当你悲伤时，有人会抽出时间来安慰你等等，这些小小的细节都是一颗感恩的心。

有一天杰克逊失业了，一切来得那么突然。一个程序员，在软件公司干了8年，他一直以为将在这里做到退休，然后拿着优厚的退休金颐养天年。但是，意想不到的事情发生了：这家公司倒闭了。

杰克逊的第三个儿子刚刚降生，他感谢上帝的恩赐，同时意识到，重新工作迫在眉睫。作为丈夫和父亲，自己存在的最大意义，就是让妻子和孩子们过得更好。

他的生活开始凌乱不堪，每天的工作就是找工作。一个月过去了，他没找到工作。除了编程，他一无所长。

终于，他在报上看到一家软件公司要招聘程序员，待遇不错。杰克逊揣着资料，满怀希望地赶到公司。应聘的人数超乎想象，很明显，竞争将会异常激烈。经过简单交谈，公司通知他一个星期后参加笔试。

凭着过硬的专业知识，笔试中，杰克逊轻松过关，两天后面试。他对自己8年的工作经验无比自信，坚信面试不会有太大的麻烦。然而，考官的问题是关于软件业未来的发展方向，这些问题，他竟从未认真思考过。

杰克逊觉得公司对软件业的理解，令他耳目一新，虽然应聘失败，便是他觉得收获不小，有必要给公司写封信，以表感谢之情。于是立即提笔写道："贵公司花费人力、物力，为我提供了笔试、面试的机会。虽然落聘，但通过应聘使我大长见识，获益匪浅。感谢你们为之付出的劳动，谢谢！"

这是一封与众不同的信，落聘的人没有不满，毫无怨言，竟然还给公司写来感谢信，真是闻所未闻。这封信被层层上递，最后送到总裁的办公室。总裁看了信后，一言不发，把它锁进抽屉。

3个月后，新年来临，杰克逊收一张精美的新年贺卡，上面写着：尊敬的杰克逊先生，如果您愿意，请和我们共度新年。贺卡是他上次应聘的公司寄来的。原来，公司出现空缺，他们立马就想到了杰克逊。

这家公司是美国微软公司，现在闻名世界。十几年后，凭着出色的业绩，杰克逊一直做到了副总裁。

看完这个故事，我不禁感悟到心怀感恩，无须高调宣扬，心怀感恩，无需山盟海誓，心怀感恩，无需甜言蜜语；有时一个真诚的微笑，一句简单的问候，一次举手之劳……都会给人带来温暖，给人带来希望。那就是感恩，我们在感恩别人的同时，也要学会感恩自己，感恩自己给别人带来了快乐，给自己带来了幸福。

1920年，林语堂获得官费到美国哈佛大学做研究生的机会。不料他到美国后，官费却迟迟不至，顿时使他陷入了困境。他遂打电报向国内告急。很快，他收到了2000美金，得以在异国顺利完成学业。为此，十分感恩的林语堂一回到北平，就去向北大校长蒋梦麟面谢为自己及时汇款一事。

很显然，林语堂是感恩的，危难时刻的那笔钱帮了他的大忙。所以，他一回国第一件事情就是去向自己的恩人表达感激之情。

有这样一个故事：

很久以前，有两个人一起去见上帝，问上天堂的路怎么走？上帝见两个人饥饿难忍，先给他们每人一份食物。一个人接过食物，很是感激，连声说："谢谢，谢谢！"另一个人接过食物，无动于衷，仿佛就该给他似的。之后，上帝只让那个说"谢谢"的人上了天堂，另一个则被拒之门外。

被拒之门外的人很不服气："我不就是忘了说句'谢谢'吗？"上帝说："不是忘了。是没有感恩的心，就说不出谢谢的话；不知感恩的人，就不知道爱别人且也得不到别人的爱。"那人还是不服："那少说一句'谢谢'，差别也不能这么大啊？"上帝接着说道："这没有办法。因为上天堂的路是用感恩的心铺成的，上天堂的门只有用感恩的心才能打开，而下地狱则不用。"

人间需要感恩，连天堂的门也只有"谢谢"才可以打开。善于表达、心怀善意的人是很容易得到幸福的，他们能够顺利地打开天堂之门。然而，那些不知感恩，甚至忘恩负义的人是永远也到不了天堂的，等待他们的是苦海无边的地狱。

英国作家萨克雷说："生活就是一面镜子，你笑，它也笑；你哭，它也哭。"

如果你感恩生活，生活将赐予你灿烂的阳光；如果你心中没有感恩，只知一味地怨天尤人，那么你最终可能一无所有！成功时，感恩的理由固然能找到许多；失败时，不感恩的借口却只需一个。感恩使我们在失败时看到差距，在不幸时得到慰藉，获得温暖，激发我们挑战困难的勇气，进而获取前进的动力。

07 试着去爱你不喜欢的人

宽容，是对亲人的理解，对爱人的体谅，对朋友的忍让；宽容，是人类的美德，是伟岸的胸怀。

宽容就像寒冷冬天里的阳光，融化别人心田的冰雪。一个不懂得宽容别人的人，会显得愚蠢，大概也会苍老得很快；一个不懂得对自己宽容的人，会被生活中的琐事压得身心俱疲。

我们活一个充满功利的环境里，但倘若太吝惜自己的私利而不肯让步，这样的人最终会无路可走；倘若一味地逞强好胜而不肯接受别人的一丝见解，这样的人最终会陷入世俗的河流中而无以向前；倘若一再地求全责备而不肯宽容别人的一点瑕疵，这样的人就如凌空在太高的山顶，会因缺氧而窒息。

曾有人把人比喻为"会思想的芦苇"，因为弱小易变，因而情绪波动，随时都在改变对事物的理解。人非圣贤，孰能无过？更何况就是圣贤也会有犯错的时候，我们为什么不能宽容自己和别人的失误？

宽容并不意味着对恶人横行的迁就和退让，也非对自私自利的鼓励和纵容。谁都可能遇到情势所迫的无奈、无可避免地失误、考虑欠妥的差错。所谓宽容就是以善意去宽待有着各种缺点的人们。因其宽广而容纳了狭隘，因其宽广显得大度而感人。

在现实生活中，当自己利益和别人利益发生冲突、友谊和利益不可兼得时，首先要考虑舍利取义，宁愿自己吃一点亏。郑板桥曾说过："吃亏是福。"这绝不是阿Q式的精神自慰，而是一生阅历的高度概括和总结。

清朝时有两家邻居因一道墙的归属问题发生争执，欲打官司。其中一家想求助于在京做大官的亲属张廷玉帮忙。但是，张廷玉没有出面干涉这件事，只是给家里写了一封信，力劝家人放弃争执，信中有这样几句话："千里求书为道墙，让他己何妨？万里长城今犹在，谁见当年秦始皇。"家人听从了他的话，邻居也觉得很不好意思，两家终于握手言和，反而由你死我活的争执变成了真心实意地谦让。

《菜根谭》中讲："路径窄处留一步，与人行；滋味浓的减三分，让人嗜。

此是涉世一极乐法。"可谓深得处世的奥妙。

有这样一个女人，总在喋喋不休地向人们说邻家的污秽不堪。有一天她故意将一位朋友请到家中，指着室外说："您看那家人绳上晾的衣服多脏！"可那位朋友却悄悄地对她说："如果你看仔细点儿，我想你能弄明白，脏的不是人家的衣服，而是你自家的窗子。"

是啊，我们在同一蓝天下生活，为什么不学着宽厚地待人，而是轻易地指责呢？

努力爱你不喜欢的人也是一种不可缺少的宽容。

王芳刚毕业后就在某合资公司外贸部就职，不幸碰上一个爱拍马屁、什么本事都没有的主管。此人每天下班后没有什么事儿也要跟着日本课长拼命"加班"，无事生非，把白天理好的文章弄得一团糟，转眼出了错，又把责任全部推给王芳。王芳不是一个会"争"的女孩子，只好忍气吞声等日本课长长出"火金"。结果一连等了好几个月，还是等不来一句公道话。

一气之下，王芳去了另一家外资公司。在那里，她出色的工作博得了许多同事的称赞，但无论如何也没法使苛刻、暴躁的张经理满意。心灰意冷间，她又萌动了跳槽之念，于是向新加坡总裁递交了辞呈。总裁先生没有竭力挽留王芳，只是告诉她自己处世多年得出的一条经验：如果你讨厌一个人，那么你就要试着去爱他。总裁说，他就曾鸡蛋里挑骨头一般在一位上司身上找优点，结果，他发现了老板两大优点，而老板也逐渐喜欢上了他。王芳依旧讨厌她的经理，但已悄悄地收回了辞呈。她说："现在想开了，作为一个成熟的人应该放开心胸去包容一切、爱一切。换一种思维看人生，你会发现，乐趣比烦恼多。"

人性大师卡耐基曾说："如果一般说来你不喜欢某人，有个简单的方法可以改变这种特性：寻找别人的优点。你一定会找到一些的。"哈佛学子富兰克林曾经说过；"帮助朋友，以保持友谊；宽恕敌人，为争取感化。"试着去爱你不喜欢的人吧，用你的真诚与智慧去打动他们吧。

"失金者是小失，失友者是大失，失志者是全失。"生活的阳光因理解而光明；因包容而灿烂。让我们用如海的胸怀，给别人多一点时间、多一分理解、多一分宽容。

08 别为琐事烦恼

我们没有必要把一些不愉快的小事总放在心上，不然，心灵只能被它腐蚀，滋长憎恨。因此，人不论在什么时候都应该保持冷静的思考和稳定的情绪，千万别为一些微不足道的小事而生气。只有敞开胸怀，用豁达的心包容天下，才能活得更潇洒。

每个人都有自己的问题和麻烦，不知你可否注意到，有些人即使在处理一些伤脑筋的问题时也不像别人那样整天愁眉苦脸，而比较乐观？这些快乐的人却不一定个个是幸运儿，大部分也曾遭受过噩运的打击，而且并不富有，但他们却常怀着一颗满足的心。

一个人不管面临什么样的人生际遇，都应保持快乐的心境。生活中不如意的事情是很多的。俗语说："不如意事常八九。"人生际遇不是个人力量所左右的，唯一能使我们不觉其烦恼的办法，就是使自己"随遇而安"。

在你的生命里，有许多值得你欢乐，欣喜之事，你何必偏偏去想那些使人不愉快的事呢？

不要常为一些鸡毛蒜皮的小事生气，要懂得克制自己的愤怒，消除怨恨，这样你的心境才会越来越豁达，这样你才会自得其乐。

人一定要清楚，良好的情绪可以使自己精神饱满，生活充满活力。豁达地对待一切，你才能活出潇洒。

南极探险家哈伯德上将发现一种现象：他的伙伴们能够毫不埋怨地面对南极探险中危险而艰苦的工作，但有些人却为一些琐事而整天计较。

在哈伯德上将的伙伴中，有好几个同室的人彼此不讲话，因为他们都怀疑对方把东西乱放，并且占用了自己的地方。其中有一个先生吃饭非常讲究，注重空腹进食、细嚼慢咽。这位先生的每口食物，一定要嚼过28次才吞下去。而与他同处一室的另外一个人，一定要在大厅里找到一个别人看不见自己的位置坐着，才能吃得下饭。

"在南极的营地里，"哈伯德上将说，"像这类的小事情，可能把最富有训练经验的人逼疯。"

其实，在我们的生活中像这种小事实在太多了，不胜枚举。这种"小事"如果发生在夫妻间的家庭生活中，搞不好也会把人逼疯。

基朴林和妻弟莱斯蒂尔是好朋友。一次，基朴林从莱斯蒂尔手里买了一块土地。根据双方签订的购买协议，莱斯蒂尔可以在那块地上割草。有一天，莱斯蒂尔发现基朴林在那片草地上建了一个花园，他无法再从草地中获得青草。他生起气来，暴跳如雷，基朴林也反唇相讥，两人因此反目成仇。

其实，引起这一变故的原因，只不过是一件很小的事。如果我们想要保持平安快乐，就不要让自己因为一些应该抛开和忘记的小事来烦心。生命如此短促，何必要为小事烦恼？

二战后一位名叫罗伯特·摩尔的美国人在他的回忆录里写下了这样一件事：

"那是1945年3月的一天，我和我的战友在太平洋海下的潜水艇里执行任务。忽然，我们从雷达上发现一支日军舰队朝我们开来。几分钟后，6枚深水炸弹在我们潜水艇的四周炸开，把我们直压到海底280英尺的地方。尽管如此，疯狂的日军仍不肯罢休，他们不停地投下深水炸弹，整整持续了15个小时。在这个过程中，有十几枚炸弹就在离我们几十英尺左右的地方爆炸。倘若再近一点的话，我们的潜艇一定会炸出一个洞来，我们也就永远葬身太平洋了。

"当时，我和所有的战友一样，静躺在自己的床上，保持镇定。我甚至吓得不知如何呼吸了，脑子里仿佛蹿出一个魔鬼，它不停地对我说：这下死定，这下死定了……因为关闭了制冷系统，潜水艇内的温度达到摄氏40多度. 可是我却害怕得全身发冷. 一阵阵冒虚汗。15个小时后，攻击停止了，那艘布雷舰在用光了所有的炸弹后开走了。

"我感觉这15个小时好像有15年那么长。我过去的生活一一浮现在眼前，那些曾经让我烦忧过的无聊小事更是清晰地浮现在我的脑海中——爸爸把那个不错的闹钟给了哥哥而没给我。我因此几天不跟爸爸说话；结婚后. 我没钱买汽车，没钱给妻子买好衣服，我们经常为了一点芝麻小事吵架……

"可是，这些令人发愁的事. 在深水炸弹威胁我的生命时，都显得那么荒谬、渺小。当时，我就对自己发誓，如果我还有机会再重见天日的话，我将永远不会再计较这些小事了！"

有些事我们在经历时总也想不通，直到生命快到尽头时才恍然大悟。如果上帝不再给我们一次机会，那岂不是永远的遗憾！

从前，有一个大家庭除了老夫妻之外，还有好多儿孙，他们生活并不太富裕，而且事务繁多。家里的老头逐渐厌烦了这样的生活，他变得越来越不快乐，于是去找一位哲人寻找答案。

老头看见哲人以后，有气无力地说："人家都说儿孙满堂有多好，可是对于我来说，好处一点没有，糟糕倒是一大堆。我和妻子还有众多的儿孙住在一个屋子里，每天都要为一些琐事争得不可开交，每天都吵吵嚷嚷，我觉得这个家像是一个地狱，我实在受不了了。"

哲人听完他的话，考虑了一会儿说道："我确实有办法能够帮你解除痛苦，不知道你是否愿意照做。"

老头一听，立即来了精神，他急忙说："只要是你说的，我无不照办。"

哲人笑呵呵地问这位老头，家里有什么牲畜。

老头告诉哲人家里有鸡、猪和牛。

哲人说："那好，你就把这些东西放在家里，跟它们一起生活吧！"

老头听了大吃一惊，但还是听了哲人的话。他回去后把鸡、牛和猪赶到家里，并和这些动物一起住。

刚过了两天，老头就重新来到了哲人家里。他显得很狼狈，表情很痛苦，跟哲人诉苦说："你的建议给我带来了更大的痛苦，现在我的家已经变成了一个养殖场，那些鸡和猪、牛把家里搞得一团糟，这简直比地狱还可怕，再这样下去我就活不成了。"说完放声痛哭。

哲人捻着胡须，成竹在胸地说："这很容易，你回去以后把鸡赶出去就好了。"于是老头回家把鸡赶了出去，屋子里还有牛和猪。

没过几天，老头又找到哲人。他非常无奈，请求哲人帮他想一个办法，因为虽然没有鸡在捣乱，但是猪每天在屋里哼哼，还到处拉屎撒尿，这样继续下去日子根本没法过。

于是哲人让老头回去再把猪赶回猪圈，老头照办了，可是这次也没有持续很长时间。老头再次找到哲人，说牛已经快要把屋子拆了，而且打烂了屋里的家具，这简直就是一个噩梦。

于是哲人就建议老头把牛放回牛棚，于是老头回去了。过了两天老头找到了哲人，他满脸幸福，真诚地向哲人表达了感谢。他说："我的屋子现在非常安静，而且也很宽敞整洁，所有的东西都摆放得好好的，没有什么东西前来捣乱，每天妻子都为我准备了可口的饭菜，儿孙们也很孝顺，生活真是太好了，我非常满足现在这样的生活。"

哈佛学子富兰克林曾经说过："不要为令人不快的区区琐事而心烦意乱，

悲观失望。"在现实生活中，有一些人不懂得珍惜自己所拥有的，而总是挑三拣四，为一些琐事烦恼不堪。

其实，这种做法是非常不明智的，幸福和谐的感受，时刻都在身边。只要去细细品味与咀嚼生活中的点点滴滴，我们就不难找到自己向往已久的快乐。

05 每天给自己一个希望

有这样一个故事：

曾经有位医生素以医术高明享誉医务界，事业蒸蒸日上。但不幸的是，有一天他被诊断患有癌症。这对他不啻当头一棒。他一度曾情绪低落。最终他不但接受了这个事实，而且他的心态也为之一变，变得更宽容、更谦和、更懂得珍惜所拥有的一切。在勤奋工作之余，他从没有放弃与病魔搏斗。就这样，他已平安度过了好几个年头。有人惊讶于他的事迹，就问他是什么神奇的力量在支撑着他。这位医生笑盈盈地答道：是希望，几乎每天早晨，我都给自己一个希望，希望我能多救治一个病人，希望我的笑容能温暖每个人。

哈佛学子富兰克林曾说："希望是生命的源泉，失去它生命就会枯萎。"希望，让身处绝境的人产生继续战斗的力量，希望，无时无刻不在温暖每一个人的心。当我们给自己一份希望，便是给自己一份深深的爱意，当我们给别人一份希望，收获的便是他人由衷地感激。

希望，看似很平淡的字眼，却包含着各种不同的内涵。有人总是说看不到希望，有人恰恰相反。其实每个人每天都可以给自己一个希望，领略到生活的真谛，给人以启迪和感悟，给人以信心和力量。

每天给自己一个希望，我们可以掌握自己、把握现在；我们无法计量自己生命的长度，我们可以安排当下的行程；我们左右不了变化无常的天气，我们却可以调整自己的心情，只要活着，就有希望。行走在人生大道上的人，总想寻觅一份永恒的快乐与幸福，总期盼自己付出的所有努力、真心和真情能够得到预期回报。然而，生活对我们，不会预期偿付，也不会善待、温情。当努力遭遇打击、真情遭遇无情时，我们便会失望、痛苦，有时因失望而绝望，眼前、心中暗无光明。在这个时候，就需要希望来引路。那么，希望就会成为我们心中最灿烂最温暖的阳光。

在生活中我们会碰到极令人兴奋的事情，也会碰到令人消极的、悲观的、令人气愤的事。如果我们总是对那些不如意的事情特别在意，那么就会没有好心情可言。因此我们就应尽量做到脑海里想的、眼睛看的，以及口中说的都应该是光明的、乐观的、积极的话题，发扬往上看的精神才能在我们的事业中实现成功。只要自尊，自爱，自重，自珍，很多事只要你试一下，你就能做到。要勇于期待自己的改变，这样，你就会看见希望在向你招手。每天给自己一个希望，就会有勇气和力量去面对生活中的不幸。

　　每天给自己一个希望，生活就会多一份快乐和精彩。就是给自己一个目标，有了目标就有了方向，有了希望就有了成功的曙光。给自己一点信心。希望是什么？是激发生命激情的催化剂。每天给自己一个希望，我们将活得生机勃勃，活得有意义，就不会将时间浪费在一些无聊的小事上。生命是有限的，但希望是无限的，每天迎着朝霞想一想，今天应该做什么？这样只要我们不忘每天给自己一个希望，我们就一定能够拥有一个丰富多彩的人生。

10 快乐是心灵的天堂

这个纷繁复杂的社会充满了激烈的竞争，我们必须学会快乐。快乐是一种思想！只要思想快乐，快乐是一种思想！只要思想快乐，你就是一个快乐的人；快乐是一种情绪，懂得了控制情绪的方法，你就已站在快乐的一方！寻找快乐是生命的本能，也是生活的技巧，当你感到快乐时，快乐就会随之而来，当你感觉不到快乐时，快乐就会悄然离去。活得精彩也许不容易，但是要活得快乐相对容易多了。所以，不精彩的人生，一定要快乐，其实快乐的人生经是精彩的人生！

有一个修理自行车的老头，大约五十出头。他的"车行"是一辆俏皮三轮车，所有的工具都装在车上，早来晚归。每天，他都把三轮车停靠在一棵大树下。夏天，他只是把三轮车泊在树荫里，从日出到日落，他的三轮车就跟着树荫慢慢地移动。他诙谐地说："背靠大树好乘凉！"遇到雨雪天，他就歇工，就是老天发善心给他"放公假"了。他原是一个下岗工人，老婆也没有工作。但他却非常乐观地说："能混饱个肚子就行了，要的是自在快活。我这是真正的'自由'职业者，修修，闲闲，'修闲'人生！"

好个"修闲"人生！不错，他在物质上很清贫，但他的精神世界却是很富足。这是一种与世无争的淡定。

曾经有一对老夫妻退休后回到乡下，拿一份微薄的工资，在自空菜园里种了些蔬菜、瓜果，可以四季尝鲜；又养了鸡、鸭、鹅和小花狗，可以解馋、取乐、护家院。老两口没有爱好，喜欢玩扑克"争上游"。两人视力不太好，打君子牌，各人只看自己手里的牌，对方出什么，全凭对方自己对，玩得有滋有味认真"正规"。下游罚，唱歌唱戏；下游奖，听戏听歌。下游罚做饭，上游奖烧火。

他们应了句俗语："富贵天生，快乐自取。"固守心灵家园的一份宁静，一份闲适，这是一种知足常乐的平和。

快乐是一种品性，无论在什么样的境遇下，都能保持一颗快乐的心灵，活出本色的自我。这样的人尽管平凡而卑微，却是坚强与出众的。

美国的罗斯福总统与夫人刚刚结婚的时候，夫人每天都在担心，因为她的新厨子做的饭菜实在很差，所以，怕厨子做出来的饭菜不合罗斯福的胃口，担心此事会影响夫妻感情，担心自己的表现不如意。整日的忧心忡忡，让她的生活少了很多的活力，连她自己都觉得快要成为一个抑郁病人。而后来她说："如果事情发生在现在，我就会耸耸肩，把这事给忘了，它实在不是件值得放在心上的小事。"事实就是这样，"耸耸肩"就是一个好做法。

罗斯福夫人还对她的厨子说过这么一个故事：

在科罗拉多州的一个山坡上，躺着一棵参天大树的残躯。这棵树刚刚发芽的时候，哥伦布才刚刚在美洲登陆。第一批移民到美国来的时候，它才长到了倒下时的一半大。几百年来，它曾经被闪电击中过 14 次，被狂风暴雨侵袭过无数次，它都安然无恙。但是在最后，一小队小甲虫攻击了这棵大树，那些小甲虫从根部往里咬，持续不断地往里咬，渐渐伤了大树的元气，终于使大树倒了下去。

其实，生命就是如此，有时候我们能够承受巨大的打击，却经不住忧虑的侵扰。罗斯福夫人所言不差，而我们更要清清楚楚地说，在多数的时间里，我们要想克服被一些小事所引起的困扰，只要把目光转移一下，躲开那些所谓的烦恼，快乐自然随身来。抛开这些无根的烦恼，换回一个新的、开心的看法，如此一来，热水炉的响声，也可以被我们听成美妙的音乐。

有句哈佛名言是这样说的："快乐在于行动，不只是拥有。"快乐绝不是别人给予的，快乐是靠我们自己去寻找的。人生在世，不如意事十之八九，在这个世界上没人不经历挫折与失败，我们常常为这些挫折与失败痛苦不已。其实，这个时候我们完全可以暂时放下烦恼、失望的心去寻找一些快乐的事情。

人活着开开心心地过，是活着；人活着悲观消沉地过，亦是活着。既然可以开开心心地过，也可以悲观痛苦地过，我们为什么不能够选择开开心心地过呢？

人生的烦恼与快乐往往都是自找的。快乐与烦恼往往只在于当事人的抉择。请选择快乐，寻找快乐吧。快乐，是我们心灵的天堂。

11　扮演好自己的角色

人生如戏，我们每个人的人生都是一场戏剧，我们每个人都在扮演着属于自己的角色。虽然角色有好有坏，有主有次，甚至微不足道，某些人还不得不从事幕后工作。但是在生活的总导演面前，抱怨也好，痛恨也罢，它丝毫都不会理睬。唯有扮演好自己的角色，它才会肯定你，让你把自己演绎得更加精彩。

角色是戏剧、电影、电视等艺术领域的专用术语，一场戏中通常有主要角色（主角）和次要角色（配角）两种，把它应用到社会学中，便有"社会角色"一说。正所谓"舞台小社会，社会大舞台"，小到一个家庭，大到一个企业，直至整个社会，要想保持稳定和谐，都需要每一个参与者密切配合，也即要求每个人自觉地扮演好自己的角色，不论你的角色多么糟糕。

新学期刚刚开始，学校里转来一位女孩儿。从衣着上就可以看出她是普通农民家的孩子。女孩有着农家孩子的朴实和勤奋，听课专心，发言踊跃，让班主任赵老师非常欣慰。可是好景不长，几天后，赵老师注意到，女孩总是低着头走路，有时眼睛还红红的。有同学欺负她？还是想家了？带着疑问，赵老师把女孩叫到了办公室。

经过一再追问，女孩说出了实情：这几天她发现自己无论是穿着还是学习都不如其他同学，总感觉自己低人一等，觉得父母花这么多钱让她来县城读书，最终恐怕会让父母失望。

"是这样啊！那老师给你讲个故事。"说完，赵老师给她讲起了前不久看过的一个小故事。故事发生在英国一个小镇上。为了募捐，苏珊所在的学校准备排练一部叫《圣诞前夜》的话剧。得知消息后，苏珊第一个去报名要求当演员。她的目标是出演剧中的女儿。但是到定角色那天，苏珊却一脸冰霜地回到了家，因为她被告知，她的角色是一只狗！整个晚饭时间，苏珊不是抱怨牛排太咸，就是埋怨土豆太淡，搞得一家人都没了胃口。饭后，爸爸把苏珊叫到书房，两个人谈了很久。虽然他们拒绝透露谈话内容，但是第二天人们又看到了那个快乐的苏珊。她不仅没有拒绝演狗，还买来了护膝，以便更好地排练。

终于到了演出的那一天。从头至尾，苏珊穿着一套毛茸茸的道具，手脚并用地在台上爬来爬去，还不时伸个懒腰，晃晃脑袋，动作惟妙惟肖，精湛的表演吸引了所有观众的眼球，虽然她从头至尾没有说过一句台词。

后来，苏姗向人们透露了她和爸爸那天晚上的谈话。爸爸说："如果你用演主角的态度去演一只狗，狗也会成为主角。"说到这里，赵老师加重语气说："命运赐予我们不同的角色，与其怨天尤人，自暴自弃，不如全力以赴，演好自己的角色。因为再小的角色也有可能变成主角，哪怕你连一句台词也没有。"

有人曾说："人类一思考，上帝就发笑。"在生活的舞台上，诚然只有极个别能够预知未来的好导演，很多人都无法将自己平凡的生活演绎得更加精彩。但是，倘若我们有了把狗当成主角演的态度，那么即使是最本色的演出，又有谁能说我们不成功、不幸福呢？更何况，王侯将相尚且不是天生的，主角也不是注定由某一人来垄断的。

德怀特·戴维·艾森豪威尔是美军历史上唯一当上总统的五星上将。在041美军历史上，他晋升速度"第一快"；在历届总统中，他出身"第一穷"。从一个平民之子到举世瞩目的美国总统，艾森豪威尔凭的是什么？用他自己的话说，这一切源于年轻时的一件小事：

有一次晚饭后，艾森豪威尔和家人一起玩纸牌游戏。他的手气很糟糕，一连几把牌都很烂。当他再次抓到一把烂牌时，他变得很不高兴，开始抱怨上帝。这时他的母亲停了下来，正色对他说道："如果你想玩，就必须用你手中的牌玩下去，不管那些牌是好是坏！"

艾森豪威尔一愣，母亲又说："人生也是如此，发牌的是上帝，不管牌怎样你都必须拿着。你能做的就是尽全力打好手里的牌，求得最好的结果！"

很多年过去了，艾森豪威尔始终牢记母亲的话。对生活，他从未存有任何抱怨，因为他总是能以积极乐观的态度去迎接命运的挑战，尽力做好每一件事，最终成了美国总统。

无论是演戏，还是打牌，既然选择权不在我们手里，那么请千万别抱怨它们不够好，因为怨天尤人只会让你徒增烦恼，不解决任何实质问题。我们能够做的、应该做的，是学会适应并改变它。只要不抱怨，任何角色都可以演得更精彩；只要肯努力，再烂的牌也有可能会赢！

12 别把坏情绪传过来

随着经济的飞速发展，很多人都有一种紧迫感和危机感。与此同时，他们还受心理压力大，紧张、焦虑、抑郁、烦闷等不良情绪的困扰。但无论如何，都不应该把坏情绪传染给别人。

在外面受了气回家发泄，这是不明智且无能的表现。这样做不仅摆脱不了坏情绪，反而又影响了其他人的心情。世上不如意事十之八九，但要学会忍耐，保持宽容和善、冷静豁达的心态；还要学会情绪转移法。

在一家大企业就职的刘女士由于同事的工作失误，她也连带着受到了主管的严厉批评，为此，她觉得心里很窝火。下班后刘女士黑着脸去幼儿园接了女儿搭公共汽车，人还没上车，司机就关门，门把她的左胳膊给夹住了。疼虽不怎么疼，只是司机的工作态度未免太恶劣，叫她生气。为此，她和司机发生了争执。

刘女士下车后，孩子闹着要她抱，她憋不住大吼一声："妈妈累，自己走！"孩子惊异地盯着她，一脸要哭的样子。

晚上回家，郁闷到了极点的刘女士，灰头土脸地进门，丈夫一句问候的话都没有，她又不由得生气起来。闷着头吃完饭，为了谁洗碗的小事推来推去，说着说着，他们的火气都被点着了，开始横眉竖眼，大吵起来。

刘女士受了主管的批评，情绪不好，心情十分不畅快，结果无辜的小女儿倒了霉、丈夫倒了霉。像是水波一样，不愉快的情绪以刘女士为中心，向四周荡漾开来。这就是情绪污染。

哈佛心理学教授认为：生活中难免会遇到一些不顺心的事情，不快的情绪如果没有及时得到宣泄，将会有害身心健康。但是，如果我们一遇到不开心的事情，就将自己不快的情绪发泄到家人或朋友身上，又会伤害身边最亲近的人，甚至影响家庭或同事间的和睦关系。

其实，人们解决"心理转移"有两种途径。一种是"消极心理转移"，即将自己内心的压力通过某种偏激的方式转嫁到别人身上，这种方法虽然能发泄自己的坏情绪，同时也会给其他人带来一定的伤害；另一种是"积极心理转移"，当你受到不公平待遇或意外伤害后，不是将心中的怒火发泄到他人身上，而是寻求一种不对任何人造成伤害的、比较理智的方法排解情绪。

英国某著名企业经理亨特先生能够取得辉煌的成就，得益于他年轻时养成的一种调整情绪的习惯。那时，他只是一个公司里的小职员，经常受到同事们的轻视。一次，他忍无可忍，决定离开这个公司。离开之前，他用红墨水把公司里每一个人的缺点都写在纸上，将他们骂得体无完肤。骂完后，他的怒气逐渐消去，决定继续留在公司。从那次以后，每当心中愤怒的时候，他总是把满腹牢骚都用红墨水写在纸上，立刻感觉轻松不少，好像一个被放了气的皮球一样。这些纸条一直被他隐藏起来，从不拿给别人看。后来，同事们知道他的这种宣泄怒气的方法后，都觉得他极有涵养。上司知道后，也对他青睐有加。

坏情绪是影响人际关系的"无形杀手"，我们如果不善于控制好自己的情绪，任由不良情绪影响他人，就会影响正常的人际交往。当我们被坏情绪所困扰，又不能对他人发泄的时候，不妨尝试自我调节和放松。哈佛心理学家认为，"在发生情绪反应时，大脑中有一个较强的兴奋灶，此时，如果另外建立一个或几个新的兴奋灶，便可抵消或冲淡原来的优势中心。"我们因为某件不顺心的事情烦躁、暴怒的时候，可以有意识地做点别的事情来分散注意力，缓解情绪。

当我们遇到别人生气时，我们需要做的不是"以暴制暴"，而是用健康的情绪去感染他，转移他的注意力，引导他产生愉快的心情。事实证明，人们在相互交流接触时，情绪会通过手势、语言、眼神等方式传递给他人。我们如果能安抚别人的情绪，将自己的快乐传播给他人，将是一件很有意义的事情。

很久以前，有一位叫作杰西克的美国人前往日本学习气功。有一天，杰西克在地铁里遇见一位滋事挑衅的醉汉，车厢中的乘客都敢怒不敢言。他见醉汉实在太过分，准备好好教训一下这个家伙。醉汉见后，立即朝他吼道："哟呵！一个外国佬，今天就叫你见识见识日本功夫！"说罢，摩拳擦掌地准备出击。

就在这个时候，一位和蔼的日本老人朝醉汉招了招手。醉汉骂骂咧咧地过去了。"你喝的是什么酒？"老人含笑地问道。"我喝清酒，关你什么事？"醉汉依旧气势汹汹。"太好了，"老人愉快地说，"我也喜欢这种酒。每到傍晚，我和太太喜欢温一小碗清酒，坐在木板凳上细细品尝。这样的日子真是叫人留恋。"接着，老人又问道："你也应该有一位温婉动人的妻子吧！""不，她过世了……"醉汉声音哽咽，开始说起他的悲伤故事。过了一会儿，只见醉汉斜倚在椅子上，头几乎埋进老人怀里。

假如别人对我们施以不友好的态度，或许他原本无心，只是刚刚遇到了不顺心的事，当时正在气头上，而我们无意中做了他的"出气筒"。面对此种情形，我们大可不必往心里去，尽量宽容为怀，体谅一下他人的心情。

在生活中，我们每个人都会有情绪低落的时候，作为一个有理性的人不应该让自己的情绪到处漫延，更不应该向别人宣泄自己心中的愤怒。别把坏情绪传给过来，那么生活将会充满温馨与美好。

把烦恼写在纸上 13

曾经看过一部电影，里面的女主角不开心的时候都会把烦恼写在纸上，然后再烧掉，这样自己的心情就会变得好起来。

人非圣贤，都是感性的动物，不管是谁都不可能随时保持理性的，总有遇到烦恼事情的时候。一些烦恼我们可以去解决它，但是面对有些事情我们却无可奈何。当我们遇到这样的事情时，该怎么做呢？看见过绝大多数人都是郁闷叹气，这样其实根本就不能解决问题。我们需要的是把我们的烦恼给发泄出去。

有一个哈佛学生在毕业后虽然有了自己的家庭和事业，但是仍然觉得生活空虚，感到彷徨而无奈，而且这种情况日渐严重，到后来不得不去看医生。医生听完了他的倾诉说："我开几个处方给你试试！"

于是，医生给他开了 4 付药，放在药袋里，对他说："你明天上午 9 点钟以前独自到海边去，不要带报纸和杂志，不要听广播，到了海边，分别在 9 点、12 点、15 点和 17 点，依次服用一服药，你的病就可以治愈了。"那个中年人半信半疑，但第二天还是依照医生的嘱咐来到海边。走到海边时刚好是清晨，看到广阔的大海，心情随之开朗起来。

9 点整，他打开第一付药，准备服用，却发现里面没有药，只是在纸上写着两个字——"谛听"。

他真的坐了下来，谛听风的声音、海浪的声音，甚至听到了自己心跳的节拍与大自然的节奏合在一起。他已经很多年没有如此安静地坐下来聆听了，因此感觉整个身心都得到了极大的放松。到了中午，他打开第二个处方，上面写着"回忆"二字。他开始从谛听外界的声音转回来，回想起自己从童年到少年的无忧时光，想起青年时期创业的艰苦，想到父母的慈爱、兄弟朋友的友谊，生命的力量和热情重新在他的内心燃烧起来。

下午 3 点，他打开第三副药，上面写着"检讨你的动机"。他想起早年创业的时候，自己为了服务他人而卖命地工作。可是，当事业稍微有了点起色时，他却只顾赚钱，失去了经营事业的喜悦，为了自身利益，忘却了对他人的关怀。想到这里，他已深有感悟。

到了黄昏，他打开最后一个处方，上面写着"把烦恼写在沙滩上"。他走到一片离大海最近的沙滩，写下"烦恼"两个字，一波海浪，立即淹没了他的烦恼，将沙滩冲刷得一片平坦。

每隔一段时间，我们都应该给自己一个宁静的自由的空间，让自己在毫无压力的情况下尽情舒展。生活中原本的一些包袱和重力都会在舒展中抖落一地，余下的皆为美好和轻松。

记得以前有一个寓言，说人要把快乐的事刻在石头上，不快乐的事情写在沙子上，那么快乐可以永远流传，而不快乐则会随风而散。不管我们用哪些方法，都只求达到一个目的，就是要把我们的烦恼抛到脑后去，去掉心中的郁闷，这样的生活才会幸福美满。

记得一篇文章上说道，曾经有一位心理学家在一艘船上做了一个改造心理的试验。他看到在船上待久了的人都很郁郁寡欢，于是他建议让一些总感觉心浮气躁的人到船尾去，面对船后波涛滚滚的海水，自己把心中一切的烦恼都抛到海中，直到自己觉得心里舒畅了为止。

后来，那些心浮气躁的试验人员最后都告诉这个心理学家，在吐出自己的烦恼事情的一瞬间，好像真的就有一件物体掉进了海水中一样，自己的心情真的得到了一次前所未有的清洗，心中的烦恼似乎就在那一瞬间消失了，顿时心里明朗了，不再觉得那些烦恼有什么了不起的。他们打算以后只要碰到心中有烦恼，就会采取这种方式来解决，直到自己全身都感觉轻松为止，并且把这些方法介绍给自己的亲朋好友。

其实烦恼并不是可见的物体，并不能真正地丢进海里面去。只是聪明的心理学家找了一个合适的方式，一种可以发泄的方法，让这些心浮气躁的人发泄出自己的郁闷。发泄完了，就好像把烦恼丢弃了，心情也就轻松了，烦恼随之消失。

每个人都希望自己的人生丰富多彩，可是必须承认的是，假如你的生活过得很充实，做的事情很多，那么在这个过程中你肯定会有各种大大小小的磕磕绊绊，难免会有不顺心的时候。这个时候我们应该怎么做呢？不管这些情绪是怎么产生的，不管它的起点在哪里，我们都必须给它一个合适的终点。要善于把烦恼抛在脑后，随着时间的流逝，你经历的所有事情，不管曾经是平凡还是伟大，也不管是兴奋还是痛苦，反正都是来来去去的，始终都有一个起点，一个终点，这样的世界才能拥有一个平衡。如果只有起点而没有终点，那么世界上的人都会因为压力而崩溃。

　　烦恼是伤害我们心灵的毒药，有了烦恼人的心情自然不会好。有研究表明，当人心情不好的时候，身体质量明显下降，个人的反应能力降低，做事情的效率和效果都下降很多。要经常洗涤一下我们的心灵，免得被烦恼伤害。

　　其实，把烦恼写在纸上只是种方法的总称，在你的面前有很多可以排遣烦恼的方法。我们可以向身边的朋友倾诉自己的烦恼，让他与你一起分担痛苦。也可以找个没人的地方去大声呐喊，把自己的苦闷一吐为快。心里一定要保持明朗，心里黑暗的话对自己是很不利的。给自己的心灵减少压力，清除烦恼的渣滓，想着自己幸福的明天。

记得曾经看过这样一个故事：

1970 年，美国学者斯坦利·默斯和克耐思·格雷曾做过一个实验。在这一实验中，一些男大学生被分为两组，都被要求填写一份关于"自尊评价"的表格，然后申请一个较优越的兼职工作。第一组遇到的是一位"脏先生"——他不修边幅，衣着不整，裤子皱巴巴，运动衫充满了汗酸味道，并且只穿了一只袜子。此外，"脏先生"看起来非常不守纪律，显得没有礼貌，在填写表格的时候频繁地扫视全屋的人，并且不断地麻烦、打扰别人。相反，第二组则遇到了一位"净先生"——他衣着讲究，修饰得体，浑身上下都是名牌，还夹着一个精致的公文包，脸上充满了自信。研究者们他细测量了两组大学生的自尊问卷，发现遭遇"脏先生"的第一组学生的自尊心提高，而遭遇"净先生"的第二组学生的自尊心普遍下降。

这个故事在告诉人们一个什么样的道理呢？它告诉人们自发的、随机的社会比较极大地影响了人们对自己的评价。

很久以前，在遥远的印度有一些建筑工人在盖楼房，房顶上剩下了很多砖，老板对一个工人说："你上去把那些砖弄下来。"这个工人很聪明，他做了个定滑轮固定在房檐上，用一根结实的绳子绕过滑轮，一头系着一个大筐，另一头系在地上，然后他就往筐里装砖。

他下到地面后解开了系在地上的绳子，灾难就发生了，这筐砖比他的体重要重，人一下子被筐拉起来了，在中间他遇到了急速下降的筐，筐正向他头上砸来，他一偏脑袋，筐砸断了他的左锁骨。筐继续下降，这个工人继续上升，升到了最高处，他的手指卡在滑轮槽里，卡断了两根手指，这时筐摔到了地上，砖头落了一大堆。筐变轻了往上升，人往下降，在中间他又被筐撞上了，撞断了两根肋骨。他再往下降，坐在了砖堆上，把屁股又给扎烂了。这个工人手一松，筐掉下来正好砸在他的头上，把他砸晕过去了。

这个工人是非常不幸的。一共就五个伤害他的机会，他一个不漏地全部赶上了。如果你遇到倒霉事，就跟这个印度工人比一比，你的境况比他好多了！当你抱怨因贫穷而没有鞋穿的时候，有人还没有脚呢！

依凡在上大学的时候，正在水房洗衣服时停水了。她怒气冲冲地端着盆回到宿舍，发现寝室一个个女同学浑身泡沫站在那里，正在洗澡没有水了。她哈哈大笑起来，自己的火气没有了。

一个朋友因病住院了，入院的时候比较忧愁，当我去看他的时候，他却心情非常好，他说所有的病人中他的病最轻。

原来，当一个人发现别人比自己更差的时候就会变得高兴。原来，要获得快乐就得向下比较。比上不足，比下有余。

向下比较的目的是让心乐观，不是诅咒别人更差，不是幸灾乐祸别人的不幸，而是对自己的状态知足，但不代表不上进。

有人调查了122名患过一次心脏病的儿女，8年后发现最悲观的25中死了21个，最乐观的25人中死了6个，结论是乐观者长寿。一项对大学生的调查，是在以下两个工资体系中选择：你自己年薪10万美元，别人8万美元；你自己8万美元，别人4万美元。学生们的选择是8万美元。

哈佛教授经过研究发现人类有一个共同的心理：不在于自己差，在于别人比自己差。比上不足比下有余就会开心。

有人曾说，不想当元帅的士兵不是一个好士兵，不想当船长的水手不是一个好水手。但很遗憾，只有一个人能当船长。但是，如果不善于向下比较，不善于满足当前的状况，那你就会永远生活在痛苦中。

15 清理心灵花园中的杂草

每个人的内心都有一片没有被开垦的土地，贪婪的人，整日忙于捕获，失却了大好的时光与机会，达观的人，善于观察并感知这世界的美好，他们发现并掌管着自己的心灵花园。

鲜花，人人喜爱其芬芳妩媚，靠近花园且欣赏其中美景，人人趋之若鹜，然而播种最是费心费力，管理更是乏味而机械的琐事，因此许多人荒芜了土地，或者尽管开辟了属于自己的花园，却往往疏于管理，任其自生自灭。

从前，一位哲学家带着他的三个弟子漫游天南海北，广闻博记。弟子们个个都才华横溢。一天，哲学家在旷野中的一片草地坐了下来，对弟子们说："你们都已是饱学之士，在你们的学业结束之前，现在我们上最后一堂课。"

哲学家问："现在我们坐在什么地方？"

弟子们答道："坐在旷野里。"

哲学家又问："旷野里长着什么？"

弟子们答道："旷野里长满了杂草。"

哲学家说："是的，旷野里是长满了草，不过现在我想知道是如何除掉这些杂草。"

弟子们大大出乎意料，一直探讨生命奥秘的哲学家最后一课竟是如此简单的问题。一弟子抢先开口："用手拔掉即可。"另一个弟子答道："用锄锄掉会省力些。"第三个弟子更为干脆"用火烧最为彻底。"

哲学家站了起来，说："那好，现在你们就按各自的方法除一片杂草，没除净的一年后再在此相聚。"

一年后，几个弟子都来了，原来的地方已不再是杂草丛生，不过还是参差不齐长着一些不知名的草在风中摇摆，而哲学家却没有来，但在地上却摆着哲学家一生的全部著作，上面还留有一张纸条，上面写着："要想除掉旷野里的杂草，方法只有一种，那就是在上面种上庄稼。"

弟子们顿时大悟，而哲学家却从此杳无音信。要想除掉旷野里的杂草，不是用手拔，不是用锄锄，也不是用火烧，方法只有一种，那就是让庄稼占据这片旷野。

　　每个人的心灵深处都有一片长满杂草的荒野，那些杂草可能是懒惰，可能是贪欲，可能是自私，也可能是虚伪……虽然我们竭尽全力想要将其彻底清除，却往往力不从心。其实，要除去心灵的杂草，唯一的方法便是用美德将荒野占据。

　　美德可以播下真的种子，开出善的花，结出美的果，可以让恶习的杂草彻彻底底地失去生存的空间。

　　倘若你对这一片杂草置之不理，则会"野火烧不尽，春风吹又生"。杂草的生命力顽强，稍不留意就会使我们心灵的田野变得一片荒芜。

　　放下失败后的悲观沉沦，放下嫉妒，放下骄傲，放下虚荣，放下懒惰，我们的心灵将会结出硕大的果，心中的庄稼将会使杂草知难而退，我们的心胸将变的宽广……

　　当我们误解朋友的时候，要冷静。不要一开始就只想到对方的千错万错，否则会使误会越陷越深，让杂草生根发芽，将你们之间的真诚的果实驱除出你们的心灵，让你们从而疏远真诚……

　　倘若你待人以诚，那么善的种子将会落在你的心中，结出丰收的果实，使你的心灵明净。

　　倘若你处事公正，那么美的种子将会扎在你心里，开出最美的花，使你的心灵芬芳。

　　倘若你对世间万物都是友好的，那么真的花朵会跟随着你，永远都是那么美丽，你会觉的生活是如此的美好，人们是如此的可爱，世上的万物都是美丽的。那么你心灵中的杂草不再跟随着你，它们会另定新居。同时，你心中的庄稼会越长越好……

　　用真诚去做肥料，用纯真去当作阳光，用善良去充当新鲜空气，你会得到一个心灵中的美丽芳香的大花园，从而将杂草的位置占据。

　　除掉心灵的杂草，需要美德，真诚，纯真，善良……

16 把喜怒哀乐装在兜里

一听到奉承就面有喜色的人，有心者便会以奉承来向他接近，向他要求，甚至向他进行"软性"的勒索。一听到某些言语就发怒的人，有心者便会故意制造这样的言语，或者指使具有这种本领的人来激怒你，让你在盛怒之下丧失理性。失去风度。一听到某类悲惨的事，或自己遭到什么委屈，就哀感满胸，甚至伤心落泪的人，有心者了解你内心的脆弱面，便会以种种手段来博取你的同情心，或是故意打击你情感的脆弱处，以达到他的目的。一个易因某事就"乐不可支"的人，有心者便可能提供可"乐"之事，好迷惑他，以遂行其意图……

喜怒哀乐是人的情绪。这世界上应该没有那种"心如止水"、没有喜怒哀乐的人吧！

没有喜怒哀乐，这种人其实蛮可怕的，因为你不知道他对某件事的反应、对基本个人的观感，让人面对他时，有不知如何应对的慌乱。

其实，没有喜怒哀乐的人并不存在，他们只是不把喜怒哀乐表现在脸上罢了！而在人性丛林里，这一点是却是非常重要的。所以，要把喜怒哀乐藏在口袋里，别轻易拿出来给别人看。

有一个小孩，家里来了一个他不喜欢的小朋友。小朋友把他的积木弄坏了，他马上就不高兴起来，并拒绝和小朋友继续玩下去。当小朋友要走的时候，这个小孩子狠狠地说："你快走吧，以后不要来了。我不喜欢你！"

等小朋友刚走，这个小孩的妈妈就训斥他不懂礼貌，还打了他的小屁股，小孩感到很委屈："我就是不喜欢他呀！为什么还要装作喜欢他的样子？"

在孩子的世界里，他们会说出内心的真实感受，因为他们的世界很简单，不懂得那么复杂的人际关系，而且他们不会掩饰自己的情绪。可是，在成人的世界中，如果你也像孩子一样喜怒哀乐形于色，你的人际关系就会变得一团糟。

哈佛学子认为，一旦你走出了校园，步入社会，你的人际关系范围就逐渐扩大。有些人并不是你不想跟他们"玩"，就可以不跟他们"玩"的；也不是你想跟他们"玩"，他们就愿意陪你"玩"的，双方关系的建立，还要取决于他人对你的态度。

很多年轻人常常会面临这样的矛盾："有时候我不喜欢一个人，就不想跟他说话，让人一眼就能看出我的不高兴！因为什么表情都挂在脸上了。我不想这样，可又控制不了，我该怎么办？"

在这个社会中的人，只要有一定的社会阅历，便多多少少练就了一点察言观色的本事，他们会根据你的喜怒哀乐调整与你相处的方式。所以，有时候你要懂得收敛或隐藏自己的真实情绪。

刘林是一个嘴里藏不住话，脸上藏不住事的人。他在一家广告公司做设计。公司一共只有三个设计人员，而他们的设计总监是市场总监兼任的，所以对专业上的事情并不是很懂。

设计总监总是站在市场的角度去想问题，他追求市场评价，而刘林在设计方案的时候总是追求艺术上的完美，因此两人经常意见不一致。

有一次，刘林设计了一个室外广告图案，总监看了直摇头，说没有冲击力，没有感觉。刘林马上就在他背后露出鄙夷的目光。这时，总监突然转过头，跟刘林的目光撞了个正着，仿佛听到刘林在说："你什么都不知道，就知道瞎说！"

总监看到刘林对自己露出轻蔑的神情，马上对刘林说："怎么？我说得不对吗？"

"没有啊！"刘林连忙支支吾吾地说道。

"那你这么看着我干什么？"其实总监也知道，自己在设计方面可能没有刘林那么专业，但是他绝不能容忍自己的下属轻视自己的能力，看不起自己。

后来，总监也不给刘林好脸色看，工作上故意为难他。没过多久，他就以刘林做事不贴近市场为由，在老板面前告了刘林一状。于是，刘林就莫名其妙地被炒掉了。

很多年轻人，心里藏不住事，让人一眼就能看透，人们很容易就从他的脸上看出他当时的心情。与人相处，高兴的时候情不自禁，不高兴的时候只因一句话不对马上就能翻脸。这其实是一种不成熟的表现。从心理学的角度来说，就是不懂得控制和管理自己的情绪。你如果能恰当地掌握你的情绪，那么你将在别人的心目中呈现"沉稳"、"可依赖"的形象。

这是个多元化的世界，每个人都有自己的生活方式。一些你看不惯、讨厌的人和事，你必须学会接受。否则，就可能给自己带来很多麻烦。率性而为的人很容易赢得朋友，但也容易得罪朋友。

喜怒哀乐不要挂在脸上，心里有什么想法，不要轻易地表露出来。脸上始终保持可笑可亲的表情，这样有利于保护自己。也就是说，我们需要一个面具来保护自己。也许你会立马站出来反对，我不愿意戴面具，戴面具的人都是虚伪的、不诚实的。这话也不完全对，在这个复杂的社会中，各种各样的人都有，难以识别，学会戴面具是为了更好地保护自己，只要你不戴着面具侵犯他人的利益，你就不是虚伪的。

另外，年轻人要懂得管理好自己的情绪，很多刚毕业的年轻人因为不适应新的工作和生活环境，特别是不知道怎样和周围各色人等和平共处，产生了强烈的恐惧和焦虑情绪。这个时候，更要学习如何管理自己的情绪，调整好自己的心态。

如果你始终觉得自己的喜怒哀乐太容易被人察觉，那么就试着选择沉默和思考吧，你会从中受到益处。

人生难得糊涂 **17**

中央三台有一个叫《联合对抗》的节目，曾经里面有一位叫李永远的选手感叹"心态很重要"。为了证明自己的观点，李永远讲了一个故事。

2008年8月8号晚，这位叫李永远的选手在鸟巢附近的奥运村登上一辆公交车，当他上车的时候，发现司机和乘客的脸上都有些不耐烦的神色，一问才知道他们的车在鸟巢附近已经堵了两个多小时，而有些人原本打算八点钟回家看开幕式的，时间却在路上被白白的耽误了。遇到这种情况，世界上脾气最好的人恐怕也会按捺不住地火气上升。但是，就在大家都被堵车弄得心烦气躁的时候，鸟巢上突然升起了形状为五环的焰火，在那一刹那，车上所有人的注意力都被五环焰火吸引了过去，甚至还有人忘情地发出"真漂亮啊"的赞美，完全忘记了刚才还在为公交车寸步不动而生气，心态也随之平和下来。还有些乘客认为应该感谢这次堵车：如果没有堵车，他们肯定不会如此幸运的"邂逅"鸟巢上空美丽的焰火。

同一次堵车，人们对它最初是抱怨，最后却成了感谢，促使他们由消极心态向积极心态转变的原因到底是什么呢？其原因就在于人们看这次堵车事件的角度发生了改变。他们开始只注重了堵车给他们带来的种种麻烦和不便，于是心里就产生了对堵车的抱怨。但是，当因为堵车而看到五环焰火时，他们看问题的角度马上发生了转换，反倒认为这次堵车让他们无意中目睹了别人想尽办法去看的焰火，这可是以前的多少次堵车也换不来的"优待"啊，这么一想，心理上自然觉得平衡了，甚至还觉得自己赚了，所以当然要感谢这次堵车事件。

卡耐基曾向一家饭店租用大舞厅用来讲课。有一天，他突然接到通知，说他必须付出比以前高出三倍的租金才能继续使用舞厅。

当时，卡耐基并没有拿出相关的法律依据去找舞厅经理据理力争，而是换了一个角度，找到经理后对他说："我接到通知，有点惊讶，不过这不怪你。因为你是经理，你的责任是尽可能赢利。"紧接着，他为经理算了一笔账，如果将礼堂用以举办舞会或者晚会，当然会获大利，"但你撵走了我，也等于撵走了成千上万有文化的中层管理人员，而他们光顾贵处，是你花钱也买不来的活广告。那么哪样更有利呢？"这样一来，卡耐基巧妙地将问题由从自身的利益出发转换到了从对方的利益出发，从而成功说服了那位经理。

换个角度，就会换种心态，这并不是简单的阿Q式的自欺欺人，而在因为在积极心态下解决问题远比在消极状态下有利。心理学认为，首先，换个角度，你可以使自己获得一种心理上的平衡，而在这种心理平衡的状态下，我们看问题和处理问题都会比较理智。上面的第一个例子就能充分说明这个道理；其次，换个角度看问题，可以让自己无视一些细小的烦恼。我国清代的著名画家郑板桥不是说过和他同样有名的四个字"难得糊涂"吗？换个角度，偶尔糊涂一下，忽视一些不重要的琐碎，注意力就会全部集中在问题的核心上；再次，换个角度，站在别人的角度看问题，往往可以更好地说服别人，达到自己的目的。

从上面的事例我们不难看出，任何事物都有其两面性，按照常规看再不利的事情也有好的一面，只要你懂得换个角度去看。在一对新人的婚礼上，一位客人不小心打碎了一只酒杯，新人和客人们听到响声后都惊呆了，认为这是个不祥的预兆，一时不知道怎么办才好。这时聪明的司仪却边鼓掌边笑着说："碎得好！碎得好！碎碎（岁岁）平安嘛"，于是，新人和客人都释然，杯子事件丝毫没有影响婚礼的顺利进行。同一件事情，换个角度看，产生的心态会不一样，如果从坏的一面看肯定会产生消极的心态，但是，如果换个角度，从好的一面看，心态自然就会变得积极和乐观了。所以，在我们对某些人和事感到无法接受，感到郁闷和沮丧的时候，不妨试着换个角度去重新审视，这时候我们也许会发现以前没有看到或被忽视的一面，而这一面往往对整个问题的解决起着不可忽视的作用。

综上所述，我们不难发现，当我们遇到别人看来是"倒霉"或不顺利的事情时，不妨换个角度，用"祸兮福所倚"的心态去对待倒霉事，说不定就会有不一样的发现，从而将消极心态转变为积极心态。

在心中种一株向日葵 18

　　快乐是可以培养的。当你内心苦闷的时候，不妨在心中种一株向日葵。当我们内心有着快乐的欲望，并有意地做一些快乐的举动时，我们的心情便会在不自觉中快乐起来。快乐，就是这样被培养出来的。在这个纷繁复杂的社会上，每个人都渴望快乐。快乐是每个人自己的事情，只要你愿意，你就可以快乐，只要你愿意，快乐就可以成为你的习惯。

　　人生的旅途中，我们总是为事业而整日奔波，在实现梦想的道路上披荆斩棘，在热情与冷漠中迷失了自我……纵使我们长出三头六臂，或是一夜之间变成八面玲珑，结果也是一样，人生的法则就是总有人成功，也有人迷茫；有人欢喜，也有人苦恼。我们常有意地培养兴趣，培养能力，培养成功的种种条件，可是我们却忘记了一件事情：在生活中多为自己培养一些快乐的心情。

　　快乐，是人类追求的终极目的，是每个人一生都在苦苦追求的梦，培养快乐自然成了每个人一生的使命。只是当你用了心、尽了力时，这一使命会很容易完成，而当你粗心大意、怨天尤人时，也许这一理想将永远无法变成现实。

　　有些人认为生活的快乐与否与金钱正相关，这一观点有一定的正确性。然而，快乐和痛苦有时候并不完全取决于你的生活状况，很大程度上取决于你对生活的态度。就好像每次走到小区门口，看到那家卖烤鸭的女主人，我的心都要条件反射般地收缩一下，因为每次看到的都是一张愁苦的脸庞，她看起来是一个老实巴交、心地善良的女人，但也许是生意实在不好做，也许是竞争给她的生活带来了惶恐，也许她还有其他的烦心事。在张罗生意时也很难看到她的一丝微笑。总而言之，一看到她，就知道是一个不会排解烦恼的人。而另外一家卖烤鸭的店却生意兴隆，供不应求，女主人祥和的微笑让人觉得舒舒服服。同样是卖烤鸭，同样是在一个小区中，生意景气度却相差甚远。仔细想想，这真的仅仅是烤鸭的质量不如别人吗？还是她一贯的坏心情坏脸色让大家选择了对她的回避？

　　曾经有一个衣着朴素的老者，去一家商场为他的宝贝孙女购买生日礼物。当他看中一件漂亮的童装后，微笑地问营业员价格，也许是不巧赶上那个营业员心情不好，他很不耐烦地把价格告诉了老者，脸上写满了傲慢与轻蔑。老者付款后，非但没有丝毫不痛快，反而依然笑呵呵地向那位营业员道谢。旁边的顾客感觉有点不可思议，问那位老者，她对您这么没礼貌你怎么还那么高兴地向她道谢呢？老者笑吟吟地回答道，"我为什么要被她的态度左右我的心情呢？快乐是我的习惯啊！"

"快乐是我的习惯！"仅仅一句话就体现出老者的智慧，其胸怀之坦荡确实令人佩服。当快乐成为一种习惯时，那么你将不会被别人左右而是左右别人。当快乐成为一种习惯时，世界在你的眼里将永远都是美好的。当快乐成为一种习惯时，你的人生就如同阳光一般灿烂无比。

每个人不管贫穷或富贵、得意或失意，都有享受快乐的资格，快乐绝对不是富人或是成功人士的专利。如果你现在还不是一个快乐的人，那么从现在起，就开始培养快乐的习惯吧！

1. 给朋友寄张卡片

挑选一些漂亮别致的卡片，放在包中随身携带，在等公共汽车、排队结账、等人时，随手拿出一张写上只字片语，如"永远都想念你""你一定会幸福的""想起我们曾经在一起的日子"等等，然后寄给你的朋友。当卡片被寄出去后，一想到朋友们收到卡片时惊喜的表情，你也会感到心情愉快的。

2. 看一场悲伤的电影

看一部令人伤感的电影，当你的心被剧情深深打动时，不妨尽情地放声哭出来，然后安慰自己说，还好这只是电影情节，并不是真实的生活，这个时候你的心情自然会大有改观。

3. 偶尔吃一顿大餐

吃一顿大餐，不仅能享受到美味可口的食物，还能让你感觉自己受到了特别礼遇。人在受到与别人不同的照顾时，心情会不知不觉地变好。我们在小时候都可能有类似的经历：当父母特意为你买了一只与其他孩子不一样的漂亮的碗，你会高高兴兴地吃下比平时多的食物，即使不爱吃的食物也变得好吃起来。

4. 一边喝咖啡，一边读小说

挑一家你数次匆匆经过却无暇进入的咖啡馆，带上一本让你感兴趣的小说，选一个靠窗边的位置，坐下来点一杯香浓的咖啡，抛开所有的工作和琐事，让自己沉浸在咖啡馆舒缓的音乐中，边喝边读……在不知不觉中，你会受到气氛的影响，得到真实的放松和享受，和浓浓咖啡一样幸福洋溢起来。

5. 在镜头中留下自己的每一刻

在空闲的时候，每天用相机拍下一些身边的人和事，比如窗外的树木、路边的小花、邻居家的孩子和朋友的婚礼。然后将这些随时可能被遗忘的片段记录起来，当你不定期翻看照片时，你会觉得所有细节都是一种美好的回忆，于是整个人也会在不经意间快乐起来。

由此可见，快乐其实很简单。只要你对生活还存在热情，对生命还有珍惜，那么你就会快乐。这世上没有绝对快乐的人，只有不肯快乐的心，快乐是每个人自己的事情，只要你愿意，你就可以快乐，只要你愿意，快乐就可以成为你的习惯，只要你愿意，快乐可以毫无怨言地陪你走完漫长的人生之路，可以成为你生命中不离不弃的良师益友。

13 好心情可以装出来

"美国心理学之父"詹姆士曾经说："因为我们哭，所以才愁；因为动手打架，所以生气；因为发抖，所以怕——而并不是愁了才哭，生气了才打架，怕了才发抖。"可见，行为与身体的变化可以改变我们的情绪。既然这样，我们通过改变自己的行为来使心情愉快也不是不可能的了。

心理学家告诉我们：一个人如果总是想象自己进入某种情境，感受某种情绪，那么这种情绪十之八九会真的到来。一个故意装作愤怒的试验者，由于"角色"的影响，他的脉搏会加快，体温会上升。

一名养路工在五年内先后经历过：儿子大学落榜、妻子患重病住院半年、家中被盗、在马路上工作时被汽车撞断胳膊如此倒霉的经历，你可能会为他担忧，觉得他的日子已经没法过了。你绝对想不到他依然很快乐，每天都是笑呵呵的。

当大家问他怎么能保持每天快乐的时候，他说："其实，我的很多快乐都是假装的。儿子大学落榜时，我也难过，但我知道，难过不能解决任何问题，所以我就假装快乐，我的妻子看到我乐观的样子，也就慢慢放下心来，时间长了，我们就真的不再去忧虑这事了；妻子住院期间，我忙前忙后，压力很大，但我还是告诉自己，你现在很快乐，我的笑容给了她很大的信心，她能够感到快乐，我觉得我更有了快乐的理由；家中被盗，的确损失不小，但我想还是开口笑吧，假装快乐会让我忘记这件不愉快的事情，我对自己说，不就是丢了一点东西吗？没什么大不了的，还是快快乐乐地忘记这件倒霉的事情吧；而胳膊被撞断后，我告诉自己，不管怎么说，这件事还是值得快乐的，我可以趁机好好休息休息 我不能垮掉，也不敢垮掉，我就假装快乐 后来我发现，假装快乐也是可以让人感到快乐的！笑是免费的，假装快乐不用花一分钱，但它们却能伴随我渡过许多难关。"

可见，情绪可以调适，心情也可以"装"，只要你随时提醒自己，鼓励自己，你就能让自己常常有好情绪，坏情绪自然也不会常来打扰你。

有一位心理咨询师讲述了自己的故事：

苏珊走入咨询室的第一时间，就给人一种"阴沉"的感觉。这位刚步入职场的新人眉头紧锁，声音低沉，萎靡不振。她告诉心理咨询师："进公司半年了我就没有笑过。实在是太压抑，我很怕上司，很害怕同事。"这样的来访者积压着太多的情绪，"大道理"是无法说服和改变她的，于是心理咨询师采用了特殊的处理思路。

心理咨询师让她把自己害怕、担心、讨厌的事情一一列举出来，结果她写了很多。心理咨询师告诉她："现在把你列举的每一件事情都读出来，不过读完一条就要装出自己很高兴的样子，发出'哈哈'两声。"苏珊听了大惑不解，但还是按照我的要求做了。很出乎苏珊的意料，读着读着，她忍不住笑出声来。这样的笑声让苏珊心情好了很多。

心理咨询师使用的是"假笑疗法"。假笑能触动体内横膈，具有很好的热身效应。它好比将车钥匙插进汽车中一样，只要扭动钥匙，发动机就会工作。假笑的道理也一样，体内横膈会将假笑引发成真笑。在你尚未意识到之前，它已变成了一种由衷的欢笑了。

所以，无论在什么情况下，都请您做好欢乐的准备，因为好心情完全是可以"装"出来的。

哈佛心理学教授认为："假装快乐是一种快速调整情绪获得快乐的方法，虽然治标不治本，但的确有效。心理学研究发现，人类身体和心理是互相影响、互相作用的整体。某种情绪会引发相应的肢体语言，比如愤怒时，我们会握紧拳头，呼吸急促，快乐时，我们会嘴角上扬，面部肌肉放松。然而，肢体语言的改变同样会导致情绪的变化，当无法调整内心情绪时，你可以调整肢体语言，带动出你需要的情绪。比如你强迫自己做微笑的动作，你就会发现内心开始涌动欢喜，所以假装快乐，你就会真的快乐起来，这就是身心互动原理。"

心理学教授认为，这种感受还可以通过行为获得，情绪压抑者可以尝试"笑功"：先站直，然后身体前屈90度，再后仰10度，并配合喊出"哈哈哈哈"的声音，动作和声音力求夸张，连做6次，前后对比就会有不同感受。

追求美好的未来是人的天性，也是人类生存和社会进步的动力。所以憧憬未来，能帮助你"装"出好心情。憧憬美好的未来时，你能保持一种奋发进取的精神状态。不管现实如何残酷，始终相信困难即将克服，曙光就在前头，相信未来会更加美好。不管命运把自己抛向何方，你都会泰然处之。在这种心情下，坏心情看起来实在太渺小了。

"快乐是一天，痛苦也是一天"。挫折已经给身心带来了很大的伤害，那么我们为什么还要往自己的伤口上撒盐呢？我们为什么不能选择快快乐乐地过好生命中的每一天呢？

20 守住内心的宁静

　　外表看似安静的人，实则内心不一定平静；真正的安静是实在的、踏实的，所以很舒服，而不是一静下来心里就空得慌。

　　有时候我们不禁问自己：为什么我们要那么紧张？能不能不紧张呢？今天的生活太紧张，把自己逼得太厉害，疯狂地赚钱、工作，结果得不偿失，所得到的物质财富并不能弥补失去的精神财富。那么，我们何不让自己的心平静下来，品味生活的乐趣呢？

　　有一位成功的商人，虽然赚了几百万美元，但他似乎从来不曾轻松过。他下班回到家里，刚刚踏入餐厅中。

　　餐厅中的家具都是胡桃木做的，十分华丽，有一张大餐桌和六张椅子，但他根本没去注意它们。

　　他在餐桌前坐下来，但心情十分烦躁不安，于是他又站了起来，在房间里走来走去。他心不在焉地敲敲桌面，差点被椅子绊倒。

　　他的妻子这时候走了进来，在餐桌前坐下。他说声你好，一面用手敲桌面，直到一个仆人把晚餐端上来为止。

　　他很快地把东西一一吞下，他的两只手就像两把铲子，不断把眼前的晚餐一一"铲"进口中。

　　吃完晚餐后，他立刻起身走进起居室去。起居室装饰得富丽堂皇，意大利真皮大沙发，地板铺着土耳其的手织地毯，墙上挂着名画。他把自己投进一张椅子中，几乎在同一时刻拿起一份报纸。他匆忙地翻了几页，急急瞄了瞄大字标题，然后，把报纸丢到地上，拿起一根雪茄。他一口咬掉雪茄的头部，点燃后吸了两口，便把它放到烟灰缸去。

　　他不知道自己该怎么办。他突然跳了起来，走到电视机前，打开电视机。等到画面出现时，又很不耐烦地把它关掉。他大步走到客厅的衣架前，抓起他的帽子和外衣，走到屋外散步。

　　这样子已有好几百次了。他在事业上虽然十分成功，却一直未学会如何放松自己。他是位紧张的生意人，并且把他职业上的紧张气氛从办公室带回家里。

　　这个商人没有经济上的问题，他的家是室内装饰师的梦想，他拥有四部汽车。可以说，这个商人已经拥有了一切所需，然而他却不懂得如何去享受这些生活，享受这些快乐，因此他是不快乐的。

　　在这个日益繁杂的社会中，大多数人都变得如同这个商人一般焦躁不安、迷失了快乐。唯一可以改变这种状态的办法便是保持心灵的宁静，在静处细心体味生活的点滴，让生活重归宁静。

　　能在一切环境中保持宁静心态的人，都具有高贵的品格修养。每个人都应努力培养自己心理上的抗干扰能力，才能达到"致虚极，守静笃"的境界。人生如茶，唯有我们静下心来细细地品味它，才能品尝出这杯茶中的芬芳。如果如牛饮一般的开怀畅饮，尝到的只有苦涩或无味。

　　车子必须在空着的时候，才能发挥载运的作用。搓揉陶土来制造器皿，中间要保留空间，才有盛物的功能。人若想发展也同样需要留出足够的空间才行。

　　有一天，有位大学教授特地向日本明治时代的著名禅师南隐问禅，南隐只是以茶相待，却不说禅。

　　他将茶水注入这位来客的杯子，直到杯满，还是继续注入。这位教授眼睁睁地望着茶水不停地溢出杯外，再也不能沉默下去了，终于说道："已经漫出来了，不要再倒了！"

　　"你就像这个杯子一样。"南隐答道，"里面装满了你自己的看法和想法。你不先把你自己的杯子空掉，叫我如何对你说禅呢？"

　　心太满，什么东西都进不去；心不满，才能有足够的装填空间。弓如果时刻保持张开的状态，那么等到使用它的时候就不会将箭射得很远，人的内心一旦被装得过满，就不会在人生之路上有大的作为了。给自己的内心留出足够大的空间，我们才能有更大的发展潜力。

　　李博生是中国工艺美术大师，他的许多作品都作为国宝级礼品，由国家领导人赠送给尊贵的外宾。他的玛瑙作品《无量寿佛》曾获百花奖的金杯奖，是顶级作品。他说自己的工作是完善玉石，去除玉石瑕疵。

　　李博生告诉记者："人要活的有激情，就要为自己找一个值得追求的目标。"

　　1958 年，李博生到玉雕厂工作。第一次进厂，他看到的是好几位玉雕师光着膀子汗流浃背地打磨原石的场面。他于是知道了，做玉雕不光是雕刻那么简单，他心里暗暗发誓，一定要让自己做到最好。琢玉三年，他出师了，好几位高级技师围着他的考级作品作评判。看见评委们频频点头，他充满自信。可是分数打出来了，评委们只给了他 99 分。他很不服气，问评委"为什么要扣掉 1 分，明明可以打 100 分的"。评委们没有跟他争执，只是微笑着不停地点头。最后，一位高级技师对他说：你别自以为是了，他们扣掉你一分，是为了你的明天；还差一分，你还有前进的余地；要是给你 100 分，你就走到头了，你还有发展吗？你的明天因此也就完了！

在这个瞬息万变的社会，随时需要知识、咨询，不断吸取养分，所以心一定要空，也就是所谓的虚怀若谷，这样就能吸收无尽的知识资源，容纳各种有益的意见，从而使自己丰富起来。

永远都不要给自己的人生打上满分，顶多打到 99 分就可以了，否则就会失去前进的动力。只能达到 99 分的人生，就如同一个永远都装不满的箩筐，因为装不满，我们才能往里面装进更多的东西，人生才能学到更多的东西。能在一切环境中保持宁静心态的人，都具有高贵的品格修养。每个人都应努力培养自己心理上的抗干扰能力，才能达到至善至美的境界。

别为打翻的牛奶哭泣 **21**

　　"别为打翻的牛奶哭泣"是哈佛学子非常喜欢的一句谚语，意即中文的覆水难收，事情已不可挽回，就别再为它伤脑筋了。看似简单的一句话，却意义深刻，它其实是告诉我们一种对待错误、失误应该持有的一种心态。

　　在生活中，心态不一样，看待问题就会不一样，结果就不一样，我们虽然不可能改变三分钟之前发生的事情，但可以设法改变三分钟以前发生事情所产生的后果。鸡蛋破了就破了，任凭你怎么看着它，想着它，你又不可能使它重新变成一个完整的鸡蛋来，还不如，挥挥手，潇洒地对自己说："破了就破了吧。"然后又投入到新的生活中去。如果你整天心里都想着它，怎么也挥不去那个阴影，怎么也无法摆脱那个懊悔，为此反反复复孤枕难眠，这样就放大了痛苦，带给自己的将是更大更多的失误。

　　卡耐基在早年的时候，曾试着在密苏里州举办了一个成人教育班，成功后，他又迅速地在全国各大城市开设了许多分部，由于没有经验又忽于财务管理，在他投入了很多的资金用于广告宣传、租房、日常的各种开销之后，他发现虽然这种成人教育班的社会反响很好，但自己所取得的经济效益并不好，自己一连数月的辛苦劳动竟然没有什么回报，收入竟然刚够支出的，几个月下来自己是白忙活了。

　　卡耐基为此很是苦恼，他不断地抱怨自己的疏忽大意。这种状态持续了好很长时间，他整日闷闷不乐，神情恍惚，无法将刚刚开始的事业进行下去。

　　后来，卡耐基只能去找他中学时的生理老师乔治·约翰逊，向他寻求心灵上的帮助，老师在听完卡耐基的话之后，真诚地对他说："是的，牛奶被打翻了，漏光了，怎么办？是看着被打翻的牛奶哭泣，还是去做点别的。记住被打翻的牛奶已成事实，不可能重新装回到瓶中，我们唯一能做的，就是吸取教训，然后忘掉这些不愉快。"

　　老师的话如同醍醐灌顶，使卡耐基的苦恼顿时消失，精神也振作起来，他又重新投入到了他热爱的事业中来。

　　后来卡耐基常把这句话说给他的学生，也说给自己听，有一位学员多年之后回忆听课时的情景还深有感触地说起卡耐基曾说过的这段话。

其实，牛奶打翻了是件很不幸的事，但天底下没有永远不幸的人，当你遇到不幸和遭遇不愉快的时候，你也可以换个角度或者转个弯来考虑这个问题，也许你的损失或者你的不幸会成为一种财富，你也会从中得到一种奖赏。

有一个美国某建材商在海上用船从加拿大运一批木材到纽约，途中遇上了狂风暴雨，由于捆绑木头的绳索不幸断裂，大部分的木材瞬间落入海中漂走了。建材商看到这种情形真不知道如何是好，因为此次丢失的木材，将会让他蒙受巨额的经济损失，他匆忙地向海测局求援，希望通知各国的船只留意漂流的木材。

历经数年，无数船只将在各大海洋发现木材的位置和时间回报给海测局，海测局根据这些木材的漂流的方向，计算时间与日期的误差，绘制成一张简单的行海图表，专门用来测量海潮的流动方向。

后来，经过海测局长期观察，记录与修正，此记录为航海提供了历史性的发现。为了奖励这名建材商的功劳，国家还颁发了一笔奖金给他，这笔奖金远远超过木材商当年由于丢失木材而造成的损失。

幸与不幸是相对的。中国有一句成语叫"塞翁失马，焉知祸福"，说的也是这个道理。

很多事情虽然无法重新来过，但还是可以弥补的。所以，当你面对一张布满红交叉的试卷时，当你的工作遇到挫折、失败时，请学会对自己说："不要紧，'留得青山在，不怕没柴烧'。"最起码，你还留在这里，迎接各种各样的事情，试着去面对，试着去弥补，试着向前迈进一步，久而久之，你会觉得，这也没什么。

印度诗人泰戈尔曾说过："如果你在错过太阳时流了泪，那么你也要错过群星了！"振作起来吧，如果你不想因为昨天的太阳而失去明天的群星。一点点的失意并不算得了什么，如果你不想承受明天更大的失意，那就试着淡忘这点微不足道的失意吧。

把压力转化为动力 22

　　现在是一个竞争激烈，充满压力的时代。学生有课业升学的压力；工人有下岗再就业的压力；公务员有优胜劣汰的压力；商家有市场竞争的压力；就连退了休的人也有压力，有孤独的压力，有疾病的压力。

　　人们之所以会产生压力，是由于一个人的某些需要、欲求、愿望遇到障碍和干扰时，从而引发出心理和精神的不良反应。压力如同"水可载舟，也可覆舟"一样，既有好的一面，也有坏的一面。如果能把压力变成动力，压力就是蜜糖；如果把压力憋在心里，让它无休止地折磨自己，那就是砒霜。

　　人有压力不可怕，可怕的是憋在心里，变成心灵的枷锁，这样，人就会失去理智的判断能力，失去激发潜能的自由。西方有句谚语："最后一棵草会压垮骆驼背。"同样的道理，工作生活中的烦心琐事，也会给人造成心理和精神上的压力，直接影响人的健康和生命。

　　压力既有破坏性力量，也有积极的促动力量。压力能够变动力，这是物理学上的一条定理。

　　李建华是一位中国留学生。刚到澳大利亚的时候，为了能够糊口，他替人放过羊、割过草、收过庄稼、洗过碗 只要能够有一口饭吃就行。

　　一天，他看见报纸上刊出了澳洲电讯公司的招聘启事，就去应聘线路监控员的职位。过五关斩六将，眼看就要得到那个年薪3.5万澳元的职位了，不想招聘主管却出人意料地问他："你有车吗？你会开车吗？我们这份工作时常外出，没有车寸步难行。"

　　澳大利亚公民普遍拥有私家车，无车者寥寥无几，可这位留学生初来乍到，又没有什么收入，当然还属于无车族。然而，为了争取这个极具诱惑力的工作，他不假思索地回答道："有！我会开车！"

　　"那么4天后，请开着你的车来上班。"主管说。

　　4天之内，想要买车、学车谈何容易！但为了生存，他豁出去了。他在朋友那里借了500澳元，从旧车市场买来一辆外表丑陋的"甲壳虫"。第一天，他跟朋友学了简单的驾驶技术；第二天，在朋友屋后的那块大草坪上模拟练习；第三天，歪歪斜斜地开着车上了公路；第四天，他居然自己驾车去公司报了到。

时至今日，他早已是"澳洲电讯"的业务主管了。

这位留学生胆识确实令人佩服。如果他当初畏首畏尾、遇到困难就放弃，绝不会有今天的成就。关键时刻，他毅然地斩断了自己的退路，把自己置身于命运的悬崖绝壁之上。正是面临这种后无退路的境地，人才会集中精力、拼命向前，去赢得属于自己的位置。

从某种意义上说，巨大的压力会给人一个向生命高地冲锋的机会。

海伦·凯勒在一岁多的时候，因为生病，从此眼睛看不见，并且又聋又哑了。由于这个原因，海伦的脾气变得非常暴躁，动不动就发脾气摔东西。她家里人看这样下去不是办法，便替她请来一位很有耐心的家庭教师苏丽文小姐。海伦在她的熏陶和教育下，逐渐改变了。她利用仅有的触觉、味觉和嗅觉来认识四周的环境，努力充实自己，后来更进一步学习写作。几年以后，当她的第一本著作《我的一生》出版时，立即轰动了全美国。

在她的《假如给我三天光明》一文中，她表达出一种坚强、乐观的精神，而这一切都归功于她对生活深刻的认识。

当把失明仅仅当作一项压力的时候，她痛苦惆怅，所以她不能真正面对生活；当她把压力化作动力的时候，生活就选择了她。

曾经有人说："井无压力不出油，人无压力轻如灰"。一个人要干好自己应该干好的事，总会有压力的。有时候，压力犹如泰山压顶。但会干事的人总会把压力化成动力。对于一个成功者来说，压力越大，动力就越大。

从前，有一天某个农夫的一头驴子，不小心掉进一口枯井里，农夫绞尽脑汁想办法救出驴子，但是几个小时很快就过去了，驴子依然还在井里痛苦地哀号着。

最后，这位农夫决定放弃。于是他便请来左邻右舍帮忙一起将井中的驴子埋了，得以免除它的痛苦。

这个农夫的邻居们人手一把铲子，开始将泥土铲进枯井中。当驴子知道自己的处境时，刚开始哭得很凄惨。但让人们意想不到的是，一会儿之后这头驴子就安静下来了。农夫好奇地探头往井底一看，出现在眼前的景象令他大吃一惊，怎么呢？

当他们铲进井里的泥土落在驴子的背部时，驴子的反应令人称奇——它将泥土抖落在一旁，然后站到铲进的泥土堆上面！就这样，驴子将大家铲在它身上的泥土全数抖落在井底，然后再站上去。很快地，这只驴子便上升到了井口，然后在众人惊讶的表情中快步地跑开了！

在人生的旅途中，有时候我们会陷入"枯井"里，会被各式各样的"泥沙"倾倒在我们身上，而想要从这些"枯井"脱困的秘诀就是：抖落身上的"泥沙"，然后站到上面去！

其实，压力是客观存在的。它是现实环境的产物。承认压力，正视压力，进而冲破压力，这是强者的风范。但是，压力也会摧残人的才华和意志。因此，如何减轻压力的负面影响，这也是人类的智性所决定的。人为地增加不必要的压力，并压得人喘不过气来，这当然也不是文明社会的诉求。为此，即使从正面对人施加压力，也应当适度，因为这种压力固然可以激发人的创造性和积极性，但如果失度，就会走向它的反面。像"亩产万斤粮"的指标，只能压出浮夸风。为此，我们对"把压力转化为动力"要做全面的理解，既要有争创一流的劲头，又要从实际出发，切不可"鞭打快牛"，更不可"既要马儿跑得快，又要马儿不吃料"。

23 用乐观的心情攻克难关

有这样一个故事：

曾经有一位著名的心理学家想弄清楚人的心态对行为会产生什么样的影响。于是他做了一个实验。首先，他让十个人穿过一间黑暗的房子。在他的引导下，这十个人都成功地穿了过去。然后，心理学家打开房内的一盏灯。在昏黄的灯光下，这些人看清了房内的一切，都惊出了一身冷汗。这间房子的地面是一个大水池，水池里有十几条大鳄鱼，水池上方搭着一座窄窄的小木桥，刚才他们就是从小桥上走过去的。

心理学家问："现在，你们当中还有谁愿意再次穿过这间房子呢？"没有人应答。过了一会儿，有两个勇敢的小伙子站了出来。

其中一个小心翼翼地走了过去，速度比第一次慢了许多；另一个木桥，走到一半时，竟趴下了，再也不敢向前移动半步。心理学家又打开房内的另外九盏灯，灯光把房里照得如同白昼。这时，人们看见小木桥下方装有一张安全网，由于网线颜色极浅，他们刚才根本没有看见。

心理学家朝四周望了望又问道："现在，有谁愿意通过这座小木桥呢？"这次有八个人站了出来。

很多时候，成功就像通过这座小木桥，失败的原因恐怕不是力量薄弱、智能低下，而是由于周围环境的威慑——面对险境，很多人早就失去了平衡的心态，慌了手脚，乱了方寸。

保持乐观的心态才能在逆境中崛起，才能取得人生的成功。贝多芬一生不乏坎坷挫折，在他人眼里贝多芬不过是一个又聋又疯的音乐痴。双耳失聪对于一个投身音乐事业的人来说已是一种致命的打击，他人的不理解与内心的孤寂更增添贝多芬内心的抑郁，可他没有被击倒，挣扎于痛苦的深渊中他爆发出内心所有的愤懑。人生充满坎坷，纵然前方荆棘铺路，也要时时燃起心中那盏不灭的心灵之灯指引我们走出心灵的困惑，充分发挥我们人类特有的主观能动性。让强烈的精神意识把我们从黑暗中解救出来，摒除外界的干扰，走向成功的殿堂。

富兰克林·罗斯福任总统前，一次家中被盗，不但丢失巨款财物，还丢失书稿，对此，朋友们皆感震惊和悲伤，纷纷前来安慰他。罗斯福却在报纸上发了一封致朋友们的公开信，信中写道：

"亲爱的朋友们：

谢谢你们的关心和慰问，我现在很好！

1. 贼偷去的只是我的钱财而未伤我的性命。

2. 贼偷去的只是我部分钱财。

3. 最值得庆幸的是做贼的是他而不是我。"

富兰克林·罗斯福的态度让所有的人都深感惊讶，也正是通过这件事使他才发现了更多，比如这么多朋友的关心。任何事情都有它的两面性，对于每件事都要辩证地思考。

世上有两种人，一种是悲观的、整天愁眉苦脸唉声叹气的人，这种人在事业、家庭和经济状况上都不尽人意；另一种是乐观的、积极向上的、走到哪儿灿烂到哪儿的人，他们在事业、家庭和经济状况上却有道不尽的幸福之感。这两种人由于所持态度和思考角度的不同，在面对同一件喜事时，所表现出来的情感也不尽相同。前者淡然一笑，而后继续"阴天"；后者开怀大笑，喜上眉梢。

很久以前，国王正在和宰相商量国家大事时，突然下起了倾盆大雨，国王问："宰相啊！你说下雨是好事坏事啊？"

宰相说："好事！陛下正好可微服私访。"

又有一天，天下大旱，国王又问："宰相啊！你说大旱是好事坏事啊？"

宰相说："好事！陛下正好可微服私访。"

又有一天，国王吃水果时不小心切掉了小拇指，又问："宰相啊！你说切掉手指是好事坏事啊？"

宰相说："好事！"

于是，国王大怒，将宰相关入地牢，自己独自去打猎了。

不想打猎途中国王误中土人陷阱被捉，好在因为不是全人（缺手指），免去被吃掉的厄运。这个时候国王想起了宰相的话，他赶紧回宫将宰相从地牢里放出来，又问宰相："我把你关在地牢里好不好啊？"

宰相又答："好！好极了！要不是陛下将微臣关在地牢里，微臣恐怕就陪陛下打猎被捉，被土人吃掉了……"

"塞翁失马，焉知非福"，这告诉人们要乐观地面对生命中的困境。任何事情在发生之后，都要尽可能往好的方面想，尽可能地做到"不以物喜，不以己悲”。这样面对不顺心的事情时，就能保持心情通畅。

有一个年轻人在车祸中失去了右腿，当朋友们怀着沉重的心情前去看望时，他却谈笑风生，开口就说："万幸万幸，要不是我利索，左腿也完了。"

一次考试中两个同学都丢了 10 分，一个同学认为是倒霉，另一个同学却说，"考题出得真有水平，查出我两部分知识掌握不牢"。两个人的心态和感受截然相反，而两个人的收获也完全不一样。

要知道凡事有利有弊，人生要保持一颗平常心，善于从积极的角度去考虑问题，乐观地处世。任何困难发生在自己身上时，相信它的发生不是凭空的，而是必有其目的，也许这正是上天对你的考验，经常保持这样一种心态，必定让你在以后的人生中走出一片新天地。

不抱怨，提高你的逆境商数 ㉔

有哈佛学子曾说："当手中只一颗酸柠檬时，你也要设法将它做成一杯可口的柠檬汁。"每个人都会遇到一些挫折，有的人能够以微笑迎接悲惨的命运，而有的人则只会自暴自弃，怨天尤人。其实，作为一个聪明人完全可以采取不抱怨的态度，努力提高自己的逆境商数，从而取得一个又一个成功。

什么是逆境商数？逆境商数简称 AQ，指一个人面对挫折、摆脱困境和超越困难的能力。大量资料显示，在充满竞争和挫折的当今世界，事业的成就、人生的成败，不仅取决于智商、情商，也在一定程度上取决于逆境商数。心理学家认为，一个人事业成功必须具备高智商、高情商和高挫折商这三个因素。在智商、情商都跟别人相差不多的情况下，挫折商对一个人的事业成功起着决定作用。

曾有一个名叫阿费列德外科医生在解剖尸体时发现一个奇怪现象：那些患病器官并不像我们想象的那样糟，相反却比其他健康器官的机能还要强。经过深入研究，他发现，这是因为这些器官在与疾病的长期抗争中，因不断经受考验而变得越来越强。在给美术学院学生治病时，外科医生又发现了一个奇怪现象：这些学生的视力大不如其他专业的学生，有的甚至是色盲。缺陷没有成为他们的"拦路虎"，反而成为他们前行的"原动力"。由此，阿费列德提出了著名的"跨栏定理"：你面前的栏越高你跳得也就越高。即，一个人的成就大小往往取决于他所遇到的困难的程度。

很多人之所以能够成功，并不是因为他们经历的逆境少，而是恰恰相反。美国的《成功》杂志每年都会评选当年最伟大的东山再起者，他们的传奇经历中都有一个共同点，那就是他们在遇到难以克服的困难时始终保持乐观的态度，从不轻言放弃。实际上，许多成功者正是在逆境、困难的磨炼中成长起来的。无数事实证明，越是优秀的人才，越能在身处逆境时激发活力、释放潜能。

生活中，很多人都害怕遇到困难和矛盾。有时在困难面前，心情焦躁，寝食难安，甚至觉得暗无天日。而一旦克服了困难、解决了矛盾，又觉得欣喜异常，天蓝水美。实际上，应该学会以平常心来对待矛盾和困难。矛盾无时不在，无处不有。在这个世界上，绝对没有一帆风顺的人生。活着，就是遇到困难、克服困难、再遇到新困难、再去战胜困难的过程。不断战胜困难、超越自我，正是生命的意义所在。哈佛大学第19任校长昆西曾说："人类过去和现在努力已经排除了知识路途中的许多障碍，让我们继续努力去排除剩余的障碍。"国家女排前主教练陈忠和是这样说的："人生就像打牌，当你拿到一副不好的牌却能打好，这才能体现人生价值。"

不要害怕困难，不要畏惧矛盾，心平气和地看待它们，想方设法战胜它们。想尽办法、用尽全力战胜了它们，我们就会进一步增强披荆斩棘、敢闯难关的自信和勇气，去迎接更大的挑战，获得更多的成功。困难是最好的老师，是人生最好的礼物。我们应该始终以享受的心态与困难作斗争，在困难面前永远不抱怨、不退缩，始终保持心态平衡和进取精神，以积极和达观的态度解决问题。这样，人生才会充满乐趣、充满惊喜、充满波澜，生命才会在跌宕起伏中变得绚烂多姿，做人的境界和品位才能不断提升、臻于至美。

AQ不但与我们的工作表现息息相关，更是一个人是否快乐的关键。

尤其在大环境不景气的当下，不论是在职或待业，突发状况的发生概率都会提高，因此练就一身回应逆境的好本领，你该怎么做，才能提升自己的AQ呢？就愈显重要了。

1. 凡事不抱怨，只解决问题

碰到不如意的情况，AQ低的人会怪东怪西，都是别人的错，害自己不能如愿，抱怨过后，心情往往更加沮丧，而问题依旧无解。AQ高的人通常没时间抱怨，因为他们正忙着解决问题。所以请减少抱怨的时间，因为少一分时间抱怨，就多一分时间进步。

2. 先看优点，再看缺点

当挫折发生时，如果第一个念头是："完了，这下没救了。"那就很难逃脱悲观的诅咒。AQ高手的做法是，遇到状况，先问自己："现在有什么是可珍惜的？"换句话说，在挫折中找优势，并把它转化成进步的助力。例如，突然失业当然错愕，但想一想，现在多了时间自己可支配，还有资遣费，于是再进修培养第二专长，似乎会是不错的想法，也许就此开创出另一番格局。毕竟，自怨自艾解决不了问题，懂得在逆境中找机会，才是高AQ的精彩表现。

3. 将当下的不幸，变成日后的"幸亏"

看待挫败，AQ高手清楚知道，一时的成败并不能定一生。就像李安，大学没考上，却因此找到了自己真正的舞台，现在想想，还真"幸亏"当时没考上大学，要不现在就不是这番光景了。因此只要保持乐观，塞翁失马焉知非福，AQ高手就能将当下的不幸，变成日后回顾时的"幸亏"。

成功并不是想象的那么复杂 ㉕

很多人认为，一个人想成功很难，成功也是一件很复杂的事。其实，成功并没有我们想象的那么复杂。有时候，成功是非常简单的。

1965 年，一位韩国学生到剑桥大学主修心理学。在喝下午茶的时候，他常到学校的咖啡厅或茶座听一些成功人士聊天。这些成功人士包括诺贝尔获奖者，某一些领域的学术权威和一些创造了经济神话的人。这些人幽默风趣，举重若轻，把自己的成功都看得非常自然和顺理成章。时间长了，他发现，在国内时，他被一些成功人士欺骗了。那些人为了让正在创业的人知难而退，普遍把自己的创业艰辛夸大了，也就是说，他们经常用自己的成功经历吓唬那些还没有取得成功的人。

作为心理系的学生，他认为很有必要对韩国成功人士的心态加以研究。1970 年，他把《成功并不像你想象的那么难》作为毕业论文，提交给现代经济心理学的创始人布雷登教授。布雷登教授读后，大为惊喜，他认为这是个新发现，这种现象虽然在东方甚至在世界各地普遍存在，但此前还没有一个人大胆地提出来并加以研究。惊喜之余，他写信给他的剑桥之友——当时正坐在韩国政坛第一把交椅的人——朴正熙。他在信中说："我不敢说这部著作对你有多大的帮助，但我敢肯定它比你的任何一个政令都能产生震动。"

后来这本书果然伴随着韩国的经济起飞了。这本书鼓舞了许多人，因为他们从一个新的角度告诉人们，成功与"劳其筋骨、饿其体肤""三更灯火五更鸡""头悬梁、锥刺股"没有必然的联系。只要你对某一事业感兴趣，长久地坚持下去就会成功。因为，上帝赋予你的时间和智慧，足够你圆满做完一件事情。后来，这位青年也获得了成功，他成了韩国泛业汽车公司的总裁。

在生活中，一个奇妙的想法，甚至一个小小的改变，都可能会给你带来意想不到的惊喜。这位学生并没有迷信权威，而是从一个新的角度看到了问题的实质。结果，他成功了，而且是连他自己都不敢想象的成功。

美国有一间牙膏公司，产品优良，包装精美，深受广大消费者的喜爱，营业额蒸蒸日上。记录显示，前十年每年的营业增长率为 100%，令董事无不雀跃万分。但是，业绩进入第十一年、第十二年及第十三年时，则停滞下来，每个月维持同样的数字。董事部对此三年业绩表现感到不满，便召开全国经理级高层会议，以商讨对策。

会议中，有名青年经理站起来，对董事们说："我手中有张纸，纸里有个建议，若您要使用我的建议，必须另付我 5 万元！"总裁听了很生气说："我每个月都支付你薪水，另有分红、奖励，现在叫你来开会讨论，你还要另外 5 万元，是否过分？""总裁先生，请别误会。若我的建议行不通，您可以将它丢弃，一厘钱也不必付。"青年的经理解释说。"好！"总裁接过那张纸后，阅毕，马上签了一张 5 万元支票给那青年经理。

那张纸上只写了一句话：将现有的牙膏开口扩大 1 毫米。总裁马上下令更换新的包装。试想，每天早上，每个消费者多用 1 毫米牙膏，每天牙膏消费量将多出多少倍呢？这个决定，使该公司第十四年的营业额增加了 32%。

青年经理的一个小小的建议，竟然给公司带来了新的生机。由此可见，成功并不复杂，只扩大了 1 毫米就使营业额大增。

日本著名的阪急电铁、东电公司、东宝公司的董事长小林一三，曾出任过明治朝廷的商工大臣，此人做生意气魄不凡，有许多绝招奥秘。

年轻的时候，小林一三在大阪市创办手下另一份产业——阪急百货店。照常规，一般的生意人都喜欢垄断经营，总是害怕旁家的店铺抢了自家的生意。小林一三却一反常态，别出心裁地将市内一家名气远扬的咖喱饭店请进自己新建的"阪急百货店"里来经营，并且请他们把咖喱饭的售价降低四成，这四成的差价由小林一三补偿。

这不明摆着是赔本买卖吗？百货店的董事和员工大为着急，认为小林老板一定是受了蛊惑，一时被迷糊受了欺骗，因此纷纷起来反对，请求老板撤销决定。小林一三手一挥，笑眯眯地说："你们不必着急，等着看好戏吧。"

果然，咖喱饭店一开张，很快就吸引了市民们的热情光顾，消息传得沸沸扬扬："阪急百货店里有好吃的咖喱饭，不仅味道鲜美，而且价钱比别的店差不多便宜了一半，快去尝尝吧！"于是，顾客们冲着这份既好吃又便宜的咖喱饭从四面八方赶来，阪急百货店每天挤得人山人海，非常热闹。

而小林一三的阪急百货店的生意自然也一天比一天红火，营业额一下子翻了 6 倍多，相比之下，他补给咖喱饭店的那一点差价就显得微不足道了。

　　小林一三的"引狼入室"就是往自己的口袋里装钱，别人的生意红火自然有很多人也会到自己这里来消费，岂不是一举两得。也许，在外人看来确实不是什么高招，可是事实证明小林一三的生意是做得越来越好了，又有谁能说它不是生意场上的"绝招"呢？成功其实很简单，有时只是我们没有想到而已。

26 输得起才能赢得起

人生就像一场赌局，没有人永远都是输家。在人生的道路上要经得起大风浪我们只有在惊涛骇浪中，才能具有顽强的生命力，才能认清自我。如果说立志是播下种子，工作是辛勤地浇灌，那成功就是结下的果实。但是也不要过于乐观，你可能会遇到各种各样的挫折与失败。怎样对待呢？有的人由于不能很好地面对挫折或失败，于是当他们遇到一些经济上的、生活上的或名誉上的挫折、失败时，思想就崩溃了，进而走上了犯罪或轻生的不归路。这是一些经不起失败或挫折考验的人。

我们往往敬佩那些从不幸中站起来的人，因为他们有宽阔的心境和良好的心理素质。就像一位失败者曾说的"难道有永远的失败吗？不！我宁可1000次跌倒，1001次爬起来，也不向失败低一次头"。我相信抱有这种想法的人一定不会永远与失败相伴。第二次世界大战后，美国有位记者前去德国柏林采访，他发现战败的德国市民在残败的窗台上种养着一盆盆鲜花，他不胜感慨：这个民族受到如此重创，心里还充满了希望，真是一个伟大的民族！

哈佛学子富兰克林说"有耐心的人才能达到他所希望的目的。"不错，人生的事业不会一帆风顺，通往成功的大道上会遇到许多"绊脚石"，但只要正确对待，不气馁，持之以恒，始终坚定如一，成功是会有希望的。这也是"失败是成功之母"的内涵吧！

周星驰中学时期就梦想有一天能主演一部电影。然而现实与梦想之间的距离似乎很遥远，周星驰在电影剧组的第一个工作是杂役，干些诸如帮人买早点、洗杯子之类的事情，根本没有机会参加演出。

3年之后，周星驰才开始饰演一些仅有几句台词或根本就没有台词的小角色，如果在今天仔细观看那部曾轰动一时的古装武打连续剧《射雕英雄传》，就会在里面找到他的影子：一个只在画面上闪现了几秒钟的无名侍卫，最后以死亡结束了他匆匆的亮相。

然而没有导演看重外形瘦弱另类的他，因为观众的鲜花与掌声只献给美女与英雄。失落之余，他转行做儿童节目主持人，一做就是 4 年，他以独特的主持风格获得孩子们的喜欢。但是当时却有记者写了一篇《周星驰只适合做儿童节目主持人》的报道，讽刺他只会做鬼脸、瞎蹦乱跳，根本没有演电影的天赋。这篇报道深深刺激了周星驰，他把报道贴在墙头，时刻提醒和勉励自己一定要演一部像样的电影。于是重新走上了跑龙套的道路，虽仍要忍受他人的冷眼与呼来唤去，仍是演出那些一闪而过的小角色，但他紧紧抓住每次出演的机会，拼尽全力展示最独特的自己，就像一束一束的瑰丽烟火冲向漆黑的夜空。一年之后，也就是 1987 年，他在真正意义上参演了第一部剧集《生命之旅》，虽然差不多还是跑龙套，但是终于有了飞翔的空间。从此，他开始用一身小人物的卑微与善良演绎自己的人生传奇。

经历过最底层的挣扎，拍完 50 多部喜剧作品之后，周星驰成为大众心目中的喜剧之王。从 20 世纪 90 年代至今，他的影片年年入选十大票房，他成为香港片酬最高的演员之一。好莱坞翻拍他的电影，意大利举办周星驰电影周向他致敬，他独创的"无厘头"表演风格，成为香港甚至全世界通俗文化的重要一环。

在央视专访节目中周星驰不无自嘲地回忆了走过的路程："有些人说我最辛酸的经历是扮演《射雕英雄传》里面一个被人打死的小兵，但是我记得这好像不是，还有更小的角色，剧名至今也不清楚，只知道应该不是现代的，因为穿古装。一大帮人，我站在后面，镜头只拍到帽子与后脑勺。那种感觉对我来说相当重要，因为这使我对小人物的百情百味刻骨铭心。"

其实人生的历程就是这样，充满了光荣与失落，梦想与挫折，奇迹与艰辛。没有人生下来就是大明星，但即使是扮演再普通的小角色，也要用心把他演得最出色。试想想，如果当初他一味地沉湎于失败之中，经不起失败的考验，又怎么会有今天的成就呢？

当然，更震撼人心的是米契尔的故事。如果在 46 岁的时候，你在一次很惨的机车意外事故中被烧得不成人形，4 年后又在一次坠机事故后腰部以下全部瘫痪，面对此种情形你将怎么办？你能想象自己会变成百万富翁、受人爱戴的公共演说家、洋洋得意的新郎官及成功的企业家吗？你能想象自己会去泛舟、玩跳伞、在政坛角逐一席之地吗？这些米契尔全做到了，甚至有过之而无不及。在经历了两次可怕的意外事故后，他的脸因植皮而变成一块彩色板，手指没有了，双腿特别细小，无法行动，只能瘫在轮椅上。那次机车意外事故，把他身上 65% 以上的皮肤都烧坏了，面目恐怖，手脚变成了肉球，为此他动了 16 次手术。手术后，他无法拿起叉子．无法拨电话，也无法一个人上厕所，但以前曾是海军陆战队队员的米契尔从不认为他被打败了。面对镜子中难以辨认的自己，他想到某位哲人曾经说："相信你能，你就能！"，"问题不是发生了什么．而是你如何面对它。"他说："我完全可以掌握我自己的人生之舟，我可以选择把目前的状况看成是倒退或是一个起点。"

生命来到世间更多的是为了承受挫折，而不是享受幸福。唯有那些经得起风雨吹打的人，才能够成为最后的赢家。唯有输得起，才能够赢得起。倘若我们连一点小小的挫折都无法面对，那么又如何能够走向一个又一个辉煌呢？

危机就是转机 **27**

　　在一次演讲会上，哈佛大学第 23 任校长科南特向哈佛学生介绍中国对"危机"一词所做的古老定义。科南特认为，美国人有必要向中国学习，中国的"危机"一词中既包含了"机会"的"机"字。从字面上看，中国的"危机"的真正意思就是说："在危险之上的机会。"想要应付生活上的变化，在生活上获取成功，最好的方法就是把危机看成是机会，把阻挡在路上的绊脚石当作起跑的踏脚石。

　　历史上有很多这样的例子：辛普森小时候腿上要套上矫正器，才能走到旧金山街上；贝多芬是聋哑人；大文豪弥尔顿是盲人……

　　当人生的危机来临时，积极的心态是一个人战胜一切艰难困苦，走向成功的推进器。积极的心态，能够激发我们自身的所有聪明才智；而消极的心态，就像蛛网缠住昆虫的翅膀、脚足一样，束缚着人们才华的光辉。

　　从前，有两位住在乡下的陶瓷艺人，一位叫鲍勃，另一位叫艾克。他们听说城里人喜欢用陶罐，于是便决定将自己烧制的最好的陶罐卖到城里去。经过十多年的反复试验，他们终于烧制出了他们认为最好的陶罐。他们幻想着，整个城市的人马上就能用上他们的陶罐，而他们也能因此过上富裕的生活时，他们便兴奋不已，于是他们雇了一艘轮船，准备将所有陶罐都运到城里去。

　　没想到，轮船中途遇到了强烈风暴，等风暴过后，轮船靠岸，陶罐却全部成了碎片。他们的富翁梦也随着陶罐一起破碎了。鲍勃提议，先去酒店住上一晚，来一趟城里不容易，不如休息一晚后，明天再在城里四处走走，好好见识一下。而艾克则捶胸顿足地痛哭了一番后，问鲍勃："你还有心思去城里四处走走，难道你就不心疼我们辛辛苦苦烧出来的那些陶罐？"鲍勃心平气和地说："我们失去了那些陶罐，本来就够不幸的了，现在，如果我们还因此而不快乐，那不是更加不幸？"

　　艾克觉得吉姆的话有道理，于是跟着鲍勃去城里好好地玩了几天。他们意外地发现，城里人用来装饰墙面的东西很像他们烧制陶罐的材料。于是，他们索性将那些陶罐的碎片全部砸碎，做成马赛克出售给城里的建筑商。结果鲍勃和艾克不但没有因为陶罐的破碎而亏本，反而因为出售马赛克而大赚了一笔。

当危机来临时，放弃怨天尤人，能够再进一步想想该如何应对的，才是成功者应有的态度。很多时候，看似山穷水尽，只要调换一下思维，就会柳暗花明，危险就变为机会。

詹姆士·杨原是新墨西哥州高原上经营果园的果农。每年他都把成箱的苹果以邮递的方式零售给顾客。一年冬天，新墨西哥州高原下了一场罕见的大冰雹，眼看着一个个色彩鲜艳的大苹果变得疤痕累累，詹姆士心痛极了。

"冒退货的危险呢，还是干脆退还定金？"他越想越懊恼，歇斯底里地抓起受伤的苹果就拼命地咬。忽然，他的动作停顿了，他发觉这苹果比以往更甜、更脆、汁多、味美，但外表的确难看。

第二天，他开始实施自己的想法了。他把苹果装好箱，并在每一个箱子里附上一张纸条，上面这样写着："这次奉上的苹果，表皮上虽然有点伤，但请不要介意，那是冰雹造成的伤痕，是真正的高原上生产的证据。在高原，气温往往骤降，因此苹果的肉质较平时结实，而且还产生了一种风味独特的果糖。"

在好奇心的驱使下，顾客都迫不及待地拿起苹果，想尝尝味道，"恩，好极了！高原苹果的味道原来是这样的！"顾客们交口称赞。这一奇妙的创意不仅挽救了陷入绝境的詹姆士，而且还为他赢得了大量专为此种苹果而来的订单。

在大千世界的所有批评家中，最伟大、最正确、最天才的是"时间"，而"世界上最快而又最慢、最长而又最短、最平凡而又最珍贵、最容易被人忽视而又最容易令人懊悔的也是时间。"

杨树枯了，有再青的时候；百花谢了，有再开的时候；燕子去了。有再飞来的时候；然而，一个人的生命窒息了，却没有再复活的机会。正如"花有重开日，人无再少年。"时间也是如此，它一步一步、一程一程，决不辍步、永不返回。

从古至今，很多人都在惋惜时间易逝，于是感叹"时间之快，人生行乐需及时""黄河之水天上来，奔流到海不复回……"的确，时间的流速真令人难以估测，无法形容。那么，一个人怎样才能在有生之年生活得更有意义，做出应有的贡献呢？这就是应该珍惜属于自己短暂的时间。古人有诗云："三更灯火五更鸡，正是男儿读书时，黑发不知勤学早，白首方悔读书迟。"，哈佛学子富兰克林亦曾说："你热爱生命吗？那么别浪费时间，因为时间是构成生命的材料。"

曾经有一个年轻人过着游手好闲、百无聊赖的日子。有一天，他打算去拜访一位哲人，希望哲人能够给他的未来指明一条道路。

哲人问他："你为什么来找我呢？"

年轻人回答道："我至今仍一无所有，恳请您给我指明一个方向，使我能够找到人生的价值。"

哲人摇了摇头，说："我感觉你和别人一样富有啊，因为每天时间老人也在你的'时间银行'里存下了86400秒的时间。"

年轻人听了不以为然，说："这有什么作用呢？它们既不可能助我获得别人的尊敬，取得举世瞩目的荣耀，也不可能帮助我拥有锦衣玉食的生活……"

哲人对年轻人的回答感到十分失望，断然打断了他的话语。哲人问道："难道你不认为它们珍贵吗？那你不妨去问一个刚刚延误乘机的旅客，一分钟值多少钱；你再去问一个刚刚死里逃生的'幸运儿'，一秒钟值多少钱；最后，你去问一个刚刚与金牌失之交臂的运动员，一毫秒值多少钱？"听了哲人的这一番话，年轻人羞愧地低下了头。哲人继续说道："只要你明白了时间的珍贵，去发现一件自己想做的事情，那你脚下的路便会慢慢明朗起来。你想要的荣誉、成就、锦衣玉食就会自己找上门来。"

可见拥有时间就是拥有财富，珍惜时间就是珍惜生命。每个人每天都有86 400秒的时间可以支配，如果不去珍惜，时间就会像风一样从身边溜过，给日子留下一片苍白。只有懂得珍惜时间，善于利用时间，人生才会变得绚丽起来。

一位先生到富兰克林的书店买书，他问店员："这本书多少钱？""1元钱。"店员答道。

"可不可以便宜些？"这人又问，

"不可以。"店员坚定地说。

或许老板更好说话，这人想，于是他继续问："富兰克林先生在吗？"

"是的，他正在后面忙着。"店员说。

"很好，我要见他。"

富兰克林被叫了出来，他问："什么事？先生。"

那人举起手中的书问道："这本书你最低卖多少？"

"1.25元。"富兰克林说。

"可是你的店员刚刚还说1元钱呢！"

"是的，可是现在你让我离开了自己的工作。"富兰克林回答。

顾客觉得十分惊讶，他从未听过这样的观点：

"老实说，您这本书最低卖多少？"

"1.5元。"

"可你刚刚还说1.25元呢？"顾客叫起来。

"可是现在你花了我更多的时间。"富兰克林冷冷地说。

这位顾客因为耽误了富兰克林几分钟的时间而多花0.5元钱买书，看似是他吃亏了，但是他仅花0.5元，就买到了富兰克林一段宝贵的时间，如果以"一寸光阴一寸金"的标准来算，他花费的钱又是微不足道的；并且，钱可以再赚，而浪费掉的时间是没有办法补偿回来的。

其实，许多伟人诸如科学家、发明家、文学家，最成功之处就是运用时间的成功，他们都是运用时间的高手。

著名的德国无机化学家、诺贝尔奖得主拜尔，在他的自传里曾提到自己小时候的一次难忘经历。那是在他 10 岁生日的时候，前一天晚上，他躺在床上就高兴地预想父母一定会送他一份大的礼物，并为他热热闹闹地庆祝一番，因为德国人对家人的生日是十分重视的。但是，那天早晨起床以后，父亲还是老样子一吃完早饭就伏案苦读，母亲则带着他到外婆家消磨了一整天。小拜尔就有些不高兴了，细心的母亲发现了，耐心地开导他："在你出生的时候，你爸爸还是个大老粗，所以现在他要和你一样努力读书好参加明天的考试呢！妈妈不想因为庆祝你的生日而耽误爸爸的学习，爸爸在为明天我们的生活能够丰富多彩而尽心尽力呢。你也要学会珍惜时间学习呀！"

这番教诲从此就成为拜尔的座右铭，他认为，"10 岁生日时，母亲送给我一份最丰厚的生日礼物！"

德国著名的文学家歌德一生勤奋写作，作品极为丰富，有剧本、诗歌、小说和游记，一生留下的作品共有 140 多部，其中世界文学瑰宝诗剧《浮士德》，长达 12111 行。歌德为什么能取得如此惊人的成绩？那是因为他一生非常珍惜时间，把时间看作是自己的最大财产。他在一首诗中这样写道："我的产业多么美，多么广，多么宽！时间是我的财产，我的田地是时间。"他是这样说的，也是这样做的。他一生视时间为生命，从不浪费一分一秒，直到 1832 年 2 月 20 日，这位将近 84 岁的老人在临死前还伏在桌上专心致志地写作。

法国著名科普作家凡尔纳每天早上 5 点钟起床，一直伏案写到晚上 8 点。在这 15 个小时中，他只在吃饭时休息片刻。当妻子来送饭时，他搓搓酸胀的手，拿起刀叉，很快填饱肚子，抹抹嘴，又拿起了笔。他的妻子关切地说："你写的书已不少了，为什么还抓得那么紧？"凡尔纳笑着说："你记得莎士比亚的名言吗？放弃时间的人，时间也放弃他。哪能不抓紧呢？"在 40 多年的写作生涯中，他记了上万本笔记，写了 104 部科幻小说，共有七八百万字，这是一个多么惊人的数字！一些感到惊异的人就悄悄地询问凡尔纳的妻子，想打听凡尔纳取得如此惊人成就的秘诀。凡尔纳的妻子坦然地说："秘密嘛，就是凡尔纳从不放弃时间。"

　　没有一本万利的知识。未来社会的竞争，必将逐渐从知识竞争转向学习能力的竞争。

　　常言道："书山有路勤为径，学海无涯苦作舟。"无止境地学习，是每一个智者所必需的。人要想不断地进步，就得活到老、学到老。在学习上不能有厌烦之心。

　　因为人类几千年积累下来的知识文化，不能在短时间内学完。就算把一生几十年的时间都用来学习，也还是很有限的。正所谓：吾生也有涯，而知也无涯。尤其在当今这个时代，世界在飞速发展，知识更新的速度日益加快。据说现在一个人一年的信息接收量相当于 17 世纪英国一个农场主 17 年的阅读量的总和。人们应对千变万化的世界，就必须努力做到活到老、学到老，要有终身学习的态度。何况现代社会的知识寿命大为缩短，知识淘汰的速度正在逐渐加快，过去所学习的知识，会很快过时。一个人如果不及时更新自己的知识，很快就会进入所谓的"知识半衰期"，很快就会被淘汰。据统计，当今世界九成以上的知识是近三十年产生的，知识半衰期只有五至七年。而且人的能力就像蓄电池一样，会随着时间而逐渐流失。人们的知识需要不断"加油""充电"，不及时"充电"很快就会在现代社会中失去能量。

　　所以，在信息技术高度发达的知识经济时代，人类唯有把学校教育延长为终身的学习才能适应社会发展的要求。终身学习，讲的是人一生都要学习。从幼年、少年、青年、中年直至老年，学习将伴随人的整个生活历程并影响人一生的发展。简言之，就是活到老，学到老。

　　在微软帝国的构建中，哈佛学子、比尔·盖茨的密友史蒂夫·鲍尔默称得上是功不可没。

　　鲍尔默 1973 年进入哈佛，他二年级时与比尔·盖茨同住一栋宿舍楼，自从两个人相识后，就如知己一般。如今的史蒂夫·鲍尔默已功成名就，但他的身上，仍然保留有哈佛学子不断求索、好学上进的作风。在一次行业会议上，一向自信满满的鲍尔默说，"微软在搜索领域落后于 Google 和雅虎"，他还说，"在搜索和广告市场，Google 是领头羊，我们是第三。但是，我们是一个上进者。"

鲍尔默的这番话，不仅道出了微软的竞争秘诀，而且说出了哈佛学子的成功特质——积极上进，终身求学。

很多人认为，从哈佛毕业的学生，个个都是饱学之士，他们的知识，已经足以让他们应对某个行业的需求。但哈佛人不这样认为。在哈佛人看来，学校里学的东西是十分有限的，在工作和生活中所需要的相当多的知识和技能，完全要靠我们在实践中边学边摸索。与学校相比，社会是更大的一本书，需要经常不断地去翻阅。

在生活中，有一些人总是认为自己年纪大了，学习已经太晚了。其实，这种观点是非常错误的。对于学习本身来说，从来就没有早晚的说法。

晋平公是春秋末期晋国的君主。他晚年的时候想学一些知识，可是总觉得自己已经老了。有一天，他对乐师师旷说："我现在已经 70 多岁了，很想学些知识，恐怕太晚了吧？"师旷回答："晚了，为什么不点蜡烛呢？"晋平公没有听懂他的话，生气地说："哪有为臣的这样戏弄君王的！"师旷解释："我怎么敢跟您开玩笑！我曾听人说过：少年时爱好学习，就像日出的光芒；壮年时爱好学习，就像太阳升到天空时那样明亮；到老年时还能爱好学习，就像点燃蜡烛发出的光亮。蜡烛的亮光虽然微弱，但同没有烛光在昏暗中愚昧地行动相比较，哪一个更好一些呢？"晋平公听了，恍然大悟地说："你说得真好！我明白了。"

学习是一辈子的事情，不论你是少年、青年、中年或者老年。倘若你意识到了这一点，那么还等什么，赶快行动起来。学习在什么时间开始都不晚，而你一旦停止了学习，就意味着你随时有被别人超越的危险，成为落伍者。

日本有一位老翁高久光章，以 82 岁的高龄，居然考取了驾车的执照，连他太太都吓了一大跳，他真是标准的活到老学到老的例子。从 60 岁退休后，他就有了旺盛的学习欲，开始学溜冰、滑雪、社交舞，并陆续取得教练级的资格。

他凡事都想碰碰看，尝试学习新的事物，让他感到极大的快乐和刺激。当他得知有一位 96 岁的画家考上大学，心中还颇不是滋味，也跃跃欲试，只不过有了书法、菜园以及其他多样的嗜好，想要再抽出时间学习，还真不太容易。

台北有一个家庭主妇，为儿女忙了大半辈子。当儿女逐一成家立业后，她拜师学画，勤练中国山水。经过数年的不懈努力，她居然在著名的画廊开了一个成功的画展，把卖画所得悉数捐给了慈善单位。

她绝对不会喊生活无聊，也不会整天怨天尤人，或为一些小事搞得儿女不知所措、紧张兮兮。她自己经营了一个快乐的天地，悠然自得。

学习是一辈子的事，你的生活充实吗？如果觉得太无聊，表示你已停止成长。一个对新事物有兴趣的人，哪里会觉得日子苦闷？

只要我们愿意，就能学到很多实用的东西。上苍在天地之中放入了许多的趣味，你可以在当中满心欢喜地享受和体验。

从不同的事物中，我们都可以学到许多美德。因此，不要停止学习，除非你已毫无知觉了。

这是美国东部一所大学毕业考试的最后一天。在教学楼的台阶上，一群工程学高年级的学生正在讨论几分钟后就要开始的考试，他们的脸上充满了自信。这是他们参加毕业典礼和工作之前的最后一次考试了。一些人在谈论他们现在已经找到的工作；另一些人则谈论他们将会得到的工作。带着经过四年的大学学习所获得的自信，他们感觉自己已经准备好了，并且能够征服整个世界。他们知道，这场即将到来的考试将会很快结束，因为教授说过，他们可以带任何书或笔记。要求只有一个，就是他们不能在考试的时候交头接耳。他们兴高采烈地冲进教室。教授把试卷分发下去。当学生们注意到只有五道评论类型的问题时，脸上的笑容更加扩大了。

三个小时过去了，教授开始收试卷。学生们看起来不再自信了，他们的脸上是一种恐惧的表情。没有一个人说话，教授手里拿着试卷，面对着整个班级。他俯视着眼前那一张张焦急的面孔，然后问道："完成五道题目的有多少人？"没有一只手举起来。

"完成四道题的有多少？"仍然没有人举手。

"三道题？两道题？"

学生们开始有些不安，在座位上扭来扭去。

"那一道题呢？当然有人完成一道题吧。"

但是，整个教室依然很沉默。教授放下试卷，"这正是我期望得到的结果。"他说，"我只想要给你们留下一个深刻的印象，即使你们已经完成了四年的工程学习，关于这项科目仍然有很多的东西你们还不知道。这些你们不能回答的问题是与每天的普通生活实践相联系的。"然后他微笑着补充道："你们都会通过这门课程，但是请记住—即使你们现在已是大学毕业生了，你们的教育仍然还只是刚刚开始。"

知识就是力量，只要你坚持不懈地学习，你知道得越多，你就越有力量。

这对你的成长和事业的发展是非常有价值的。人就是在不断的学习中发展和壮大起来的。如果不学习就没有进步，就难以取得辉煌的成绩。

有哈佛学子曾说："学习并不是人生的全部。但，既然连人生的一部分——学习也无法征服，还能做什么呢？"是的，每个人都必须努力学习；而且要"活到老，学到老"。

30 兴趣是求知最好的老师

爱因斯坦曾说："兴趣是最好的老师。"古人也曾说："知之者不如好之者，好之者不如乐之者。"哈佛大学第26任校长陆登庭曾经说过这样一句话："如果没有好奇心和纯粹的求知欲为动力，就不可能产生那些对人类和社会具有巨大价值的发明创造。"由此可见，兴趣对学习有着神奇的内驱动作用，能变无效为有效，化低效为高效。

有一个聪明的木匠，拥有一流的手艺，他做出来的家具不但好看而且耐用。到了木匠年老的时候，他开始苦恼了。他有两个儿子，他很想把自己的精湛手艺，传给其中一个儿子，可是他的两个儿子对自己的手艺都不感兴趣，木匠一气之下让他们哥俩都学木匠活，无奈这哥俩根本不认真学，做出来是家具歪歪扭扭，不成样子。

于是木匠整天唉声叹气，逢人就说自己生了两个不孝的儿子，一点不体谅做父亲的心，都不肯好好学他的手艺。

有一天，寺庙的主持请他去做一些桌椅板凳。做完后主持请他喝茶，他便唠唠叨叨地和主持说起了这事。

主持不紧不慢地问他，你喜欢喝茶还是喝白开水？

木匠说：当然是喝茶了，白开水有什么味道？

这时主持一扬手把木匠杯子里的茶倒在了地上，并且给他倒了一杯白开水。

木匠不悦地说：大师这是为何，明知道我不喜欢喝白开水的？

主持笑着说：施主既然知道白水不好喝，那为什么还要去勉强别人去做自己不喜欢的事呢？

木匠低下头说：可是这样我的手艺不就失传了吗？

这时主持叫住了一个庙祝问他：这里有茶和白开水你喜欢喝那个。

庙祝说：我喜欢喝白开水，因为白开水比较解渴。

木匠已还是不明白主持是什么意思不解地问：大师？您……

主持于是又笑着道：何不把你的手艺传给喜欢做木匠活的人呢？

木匠听后恍然大悟……于是到了这个时候，他才懂得了兴趣的真正意义。

木匠的手艺再高，可是儿子对他的手艺一点兴趣也没有。茶水虽然香味醇厚，但是它解不了渴，就像那个庙祝说的那样。

那么，兴趣到底是什么呢？

兴趣是指个体以特定的事物、活动及人为对象，所产生的积极的和带有倾向性、选择性的态度和情绪。每个人都会对他感兴趣的事物给予优先注意和积极地探索，并表现出心驰神往。

兴趣不只是对事物的表面的关心，任何一种兴趣都是由于获得这方面的知识或参与这种活动而使人体验到情绪上的满足而产生的。例如，一个人对跳舞感兴趣，他就会主动地、积极寻找机会去参加，而且在跳舞时感到愉悦和放松，表现出积极而自觉自愿。

具体来说，兴趣对一个人作用表现在以下几个方面：

1. 对未来活动的准备作用

例如，对于一名学生来说，对化学感兴趣，就可能激励他积累各种化学知识，研究各种化学现象，为将来研究和从事化学方面的工作打基础，做准备。

2. 对正在进行的活动起推动作用

兴趣是一种具有浓厚情感的志趣活动，它可以使人集中精力去获得知识，并创造性地完成当前的活动。美国著名华人学者丁肇中教授就曾经深有感触地说："任何科学研究，最重要的是要看对自己所从事的工作有没有兴趣，换句话说，也就是有没有事业心，这不能有任何强迫。……比如搞物理实验，因为我有兴趣，我可以两天两夜、甚至三天三夜在实验室里，守在仪器旁，我急切地希望发现我所要探索的东西。"正是兴趣和事业心推动了丁教授所从事的科研工作，并使他获得巨大的成功。

3. 对活动的创造性态度的促进作用

兴趣会促使人深入钻研、创造性的工作和学习。就中学生来说，对一门课程感兴趣，会促使他刻苦钻研，并且进行创造性的思维，不仅会使他的学习成绩大大提高，而且会大大地改善学习方法，提高学习效率。

所以，人的兴趣不仅是在学习、活动中发生和发展起来的，而且又是认识和从事活动的巨大动力。姚明因对篮球的兴趣而成为伟大的球星，我们也一样能因为兴趣而成就自己的未来。

31 心志专一，才会事有所成

我们经常能在屋檐下的石阶上看到一行小坑。这些小坑并不是人为凿出来的，而是因为屋檐头上的水滴下来，而且总是滴在同一个地方，长年累月的敲打形成的。这在心理学上被称为"滴水效应"，意思是说，只要目标专一而不三心二意，持之以恒而不半途而废，就一定能够实现我们美好的理想。

在战国时代，我国著名的思想家荀子曾在《劝学》里写道："不积跬步，无以至千里；不积小流，无以成江海……锲而舍之，朽木不折；锲而不舍，金石可镂。"意思是说：不积累一步半步的行程，就没有办法达到千里之远；不积累细小的流水，就没有办法汇成江河大海……如果刻几下就停下来了，那么腐烂的木头也刻不断。要是不停地刻下去，那么金石也能雕刻成功。哈佛大学第22任校长洛厄尔说："每个受过教育的人都应该对什么事物都懂一点，但对个别事物懂得很多。"在这里，他们强调的都是专注在学习和事业中所起的巨大作用。

有两个刚刚大学毕业的年轻人，甲喜欢自己所学的医学专业，但是因为他毕业的学校并不是名牌大学，他投到各大医院的简历都如石沉大海。后来，一个小县城的医院让他去面试，并且通过了，于是甲就在那家校医院里开始了自己的职业生涯，是给一个中年医生担任助手。但是他始终都没有忘记自己的梦想是成为一个救死扶伤的名医，所以边工作还边继续学习。

乙是甲的同学，他是在家人的建议下才学医的，但是他本人并不喜欢这一行，所以大学期间乙并没有认真学习专业课，毕业后，他听说北大出了个卖猪肉的，就向北大的才子看齐，也从社会的最底层做起，找了一份小区物业主管的工作，成天喝茶看报，工资也不是很高。做了一段时间他觉得没有意思，于是换了一份医药推销工作，但是时间一长他又觉得工作太累，工资也不高，于是又跳槽去了一家通信器材公司做柜台销售……在不到六年的时间里，乙跳来跳去的换工作不下二十次，而劳动所得刚好够养自己而已。

在一次大学同学聚会上，甲和乙相见了，乙主动问甲混得怎么样，甲谦逊地回答道："一般一般！"然而，听了甲说他自己的经历，乙却傻眼了。

当年在小县城里给医生当助手的甲，因为勤奋肯学，不久就被任为住院医生，不久之前又被评为主治医生，而他用这些年来的积蓄以分期付款的形式购买了一套房子。

将甲和乙进行一番对比，我们就不难找到专注的好处：以不断学习为前提，它可以让一个人在自己所从事的那个领域里变得更加优秀。

为什么专注的人与不专注的人之间会有如此巨大的差别呢？回答这个问题之前，我们先做一个小实验。你将一张纸放在夏日的太阳光下，晒一整天，你会发现除了显得有些脆，纸并没有发生别的任何变化；第二天，你再拿一个放大镜放在纸的上方，使放大镜下的那个最亮的光点落在纸上，不一会儿，你会发现光点处的纸开始冒烟，并且逐渐燃烧起来。将所有的能量聚集在一点上，就能够产生几倍于甚至是十几倍于平常的能量，而专注者之所以成功也是这个道理。

一个人的精力是有限的，如果将有限的精力同时分散在好几件事情上，就有可能一事无成，既浪费时间又浪费精力。所以，想成大事者不能把精力同时集中于几件事上，只能专注于其中之一。只有专注，他们才能将手头的工作做得更好。

著名的昆虫学家法布尔，他观察时候的专注在学术界是出了名的。有时候观察昆虫的习性，他都到了废寝忘食的地步。

有一天，法布尔大清早就俯在一块石头旁。几个村妇早晨去摘葡萄时看见法布尔在那儿站着。到黄昏收工时，她们仍然看到他伏在那儿，这些村妇实在不明白："他花一天工夫，怎么就只看着一块石头，真是疯了。"

这只是法布尔观察昆虫的众多场景之一，正是因为他如此专注，才在昆虫学领域取得了巨大成就，并且著有《昆虫记》这样鸿篇巨制。

年轻时的慧远禅师喜欢四处云游。有一次，他遇到了一位极爱抽烟的行人。两人走了很长一段山路，然后坐在河边休息。那位行人给了慧远禅师一袋烟，慧远禅师高兴地接受了行人的馈赠，然后他们就坐在那里谈话。由于谈得投机，那人便送给慧远禅师一根烟管和一些烟草。

与那人分开以后，慧远禅师心想，这个东西会让人感到很舒服，肯定会打扰我禅定，时间长了一定会恶习难改，还是趁早戒掉的好。于是，就把烟管和烟草全部都扔掉了。

又过了几年，慧远禅师又被《易经》迷上了。那时候正是冬天，天寒地冻。于是，慧远禅师写信给自己的老师，向老师索要过冬的寒衣。信写完后，他托人骑快马送到老师那里。

但是，信寄出去很长时间了，当冬天已经过去，山上的雪都开始融化时，老师还没有寄衣服来，也没有任何的音信。于是，慧远禅师用《易经》为自己占卜了一卦，结果算出那封信并没有送到。

他心想："易经占卜固然准确，但我如果沉迷此道，又怎么能够全心全意地参禅呢？"从此以后，他再也不接触易经之术。

过了不久，慧远禅师又迷上了书法，每天钻研，居然小有成就。当时有几个书法家也对他的书法赞不绝口。这时，他转念想："我又偏离了自己的正道，再这样下去，我就很有可能成为书法家，而成不了禅师了。"

从此，他一心参悟，放弃了一切与禅无关的东西，终于成了禅宗高僧。

当我们有了自己的理想时，就要为之全心全意地付出。如果你的所作所为偏离了目标，那么就要懂得及时返回。否则，当你越走越远时，再想回头，可能已经来不及了。

在生活中，大多数人在做一件事情的时候，大脑里依旧在思考别的问题，有一些流水一样的想法不断地流进流出，比如害怕、担心、各种消极的想法等，而没有把精力集中到正在做的事情上。如果你不能有意识地控制这些意识流，及时地赶走这些让你无法集中精神的问题，那么不仅你的工作效率会下降，甚至还可能因为它们的打扰而做出错误的选择和决定。但是，专注者正是很好地克服了这些意识流的影响，他们更多的是想到怎样把工作做好，把所有的注意力集中到正在进行的工作中，所以他们往往能够成功。

董必武说："精通一科，神须专注，行有余力，乃可他顾。"我们做每件事时，都应该全身心地投入其中，这样才能将每件事都做好，才更容易成功。

赞美是束温暖的阳光 32

渴望赞美是人类共同的心理特征。大剧作家莎士比亚曾说："赞美是照在人身上的阳光，没有阳光我们就不能生长。"而心理学家威廉·杰尔博士曾说："人性最深切的需求是渴望别人的欣赏。"哈佛心理学教授威廉·詹姆斯说："人性最深刻的原则就是希望别人的对自己加以赏识。"所以，在与人交往的过程中，适当的赞美，是对他人价值的肯定，可以帮助他人增加成就感，有利于增进彼此和谐、温暖、美好的感情，改善人际关系。

1975 年母亲节时，在哈佛大学读二年级的比尔·盖茨寄给他妈妈一张贺卡。在卡片上，比尔·盖茨用斜体英文写着这样一段话：我爱您！妈妈，您从来不说我比别的孩子差；您总是在我干的事情中，不断寻找值得赞许的地方；我怀念和您在一起的所有时光。

从这张问候卡上，我们能感觉到，这位创造了微软神话的亿万富翁，从他母亲那儿得到了最珍贵的礼物——赞美。

有一个笨小孩很小的时候就住在台中新社山上，因为患有非常严重的鼻窦炎，所以小学生活都花费在对付又黄又稠的鼻涕上，学习成绩自然不是很理想了。不知不觉中，笨小孩告别童年，升上了中学。父母考虑到他以后的人生，觉得该换一个更好的教育环境，便决定举家迁到台北，并且开始寻访名医来治好他的鼻窦炎。

此后，每周日对笨小孩来说都是噩梦，父母押着他到诊所治病。每次笨小孩都要大吵大闹，一方面是想替拮据的家计省下昂贵的医药费；另一方面，实在是因为治病过程太痛苦了。

有一个星期天，父母刚好都有事，便由姐姐带着笨小孩去看病。医生看见大人没来，先是长叹一声，然后语重心长地对笨小孩说："孩子，你的鼻窦炎的确很严重，害你不能专心念书，但是不能因为这样就放弃努力喔！条件不好的人，一定要比别人更加勤快，勤能补拙，你知道吗？你要好好想一想，为了治你的病，爸爸妈妈多么辛苦，你如果还不认真读书，只会让他们更操心……"

这是笨小孩第一次听到"勤能补拙"这个成语，不知为什么，他从心底涌出一阵又一阵的羞愧，半句话都说不出来。

医生怎么也没有想到正是这席话改变了一个孩子的人生命运，在那个神奇的星期天，"勤能补拙"这四个字刻进笨小孩的脑中。回家后，他跑去问爸爸："现在开始用功来得及吗？""来得及，一定来得及！"又惊又喜之余，他们给了一个过度乐观的答案，也给了笨小孩最大的鼓舞。

但是，奇迹并没有发生。他已经初三了，因为无法适应激烈的课业竞争，一直读放牛班，以赛跑来说，差不多落后前面一百圈。那年的高中联考当然只有名落孙山。

可是努力的马达已经启动，笨小孩升上初四，进入超级严格的魔鬼补习班，他咬牙用功，认为这是必须承担的命运，他要把落后的一百圈，一圈一圈地补回来。笨小孩告诉自己："因为我的条件比别人差，所以一定要加倍努力。"

终于，笨小孩考上成功高中，之后又进入政大企管系，开始有人夸他聪明、敏锐。但他认为自己始终是个笨小孩，只不过"勤能补拙"这四个字已经像影子，牢牢地和他绑在一起。他就这样靠着"比别人认真"的态度策马职场，从 IBM、HP，一路到自己开公司，成为作家。他的职场表现获得无数赞美，作品鼓励无数失意彷徨的人。曾经破碎的信心，终于一针一针地缝补回来了。这个笨小孩就是今日的畅销书作家吴若权。

对赞美者而言，他做的或许只是"张口之间，举手之劳"，而就是这样一个简单的举动，带给被赞美者的可能就是终生美好的回忆和不懈的努力奋斗。当初的医生怎会知道一时的语重心长，能成就出驰骋文坛的名作家。

有一位富翁家里请了一位擅长"烤鸭"的厨师。他做得烤鸭美味可口，堪称一绝。可是这位富翁只知道品尝美味，却从来没有嘉奖一下厨师的手艺。于是，厨师每次给富翁端去的都是只有一条腿的烤鸭。

富翁很纳闷："为什么你烤的鸭子只有一条腿？"厨师回答："鸭子本来就是一条腿，我还能烤出两条腿来！""胡说！鸭子明明是两条腿。"富翁说道。

厨师不再辩解，转身推开窗户，请富翁向外看。只见不远处的水塘边有一群鸭子，正在打盹儿，缩起了一只脚，只用一只脚站立。于是厨师说："你看，鸭子真的是一条腿嘛！"

富翁心里很是不爽，于是两手用力鼓掌。掌声响起来，鸭子被突然惊醒，纷纷走动起来。富翁得意地说："你看，每一只鸭子都有两条腿啊！"

厨师不慌不忙地说："对嘛！如果你品尝这美味烤鸭时，也能鼓掌一下，称赞几句，烤鸭不就也有两条腿了吗？"富翁听了，无言以对。

从此以后，富翁每次品尝美味时，都不忘要真诚地夸奖一番。当然，他再也没有吃过一条腿的烤鸭。

由此可见，赞美的话是人人都渴望听的，当你真诚的赞美他人时，必将也会得到自己应该得到的回报。富翁的赞美赢得了厨师的欢心，也得到了自己想要的二只腿的烤鸭。

马克·吐温说："只凭一句赞美的话，我可以多活三个月。"人人都渴望得到别人的赞美，赞美是一种肯定，一种褒奖。工作中听到领导的表扬，我们干活便特别带劲；生活中听到朋友的赞美，心情舒畅好几天。

赞美就像照在人们心灵上的阳光，能给人以力量，没有阳光，我们就无法正常发育和成长。赞美能给人以信心，没有信心，人生的大船便无法驶向更远的港湾。

得到别人的赞美毕竟没有自己赞美自己来得容易。既然我们需要赞美，既然赞美可以让我们更上一层楼，催我们奋进，那就让我们学会赞美自己吧！当自己考了个好成绩，或是写了一篇好文章，不妨赞美自己几句，为自己喝彩，为自己叫好。当然，这种赞美不需要说出口，不需要任何人的分享，只要一个会心的微笑，只要心灵的一点点波动，这时你就能体会到拥有成功的喜悦，这不仅对自身的欣赏和肯定，更是对未来的追求和希望，更是用自信再次扬起人生的帆船。当然，这种赞美绝不是自我陶醉。在飞梭似的人生里留下一丝完全属于自己的时间，不要用手去摸，不要用眼睛去看，只要用心去感触，体味一个真实的自己，这是那一点成功就是自身价值的体现。只要那么一瞬间，你便可以看到前途的光明，看见世界的美好。

一个喜欢棒球的小男孩，生日时得到一副新的棒球。他激动万分地冲出屋子，大喊道："我是世界上最好的棒球手！"他把球高高地扔向天空，举棒击球，结果没有击中。他毫不犹豫地第二次拿起了球，挑战似的喊道："我是世界上最好的棒球手！"这次他打得更带劲，但又没击中，反而跌了一跤，擦破了皮。男孩第三次站了起来，再次击球。这一次准头更差，连球也丢了。他望了望球棒道："嘿，你知道吗，我是世界上最伟大的击球手！"

后来，这个男孩果然成了棒球史上罕见的神击手。是自己的赞美给了他力量，是赞美成就了小男孩的梦想。

也许有一天，你会赢来无数的鲜花和掌声，但回首今日，在这条人生道路上，除了脚印、汗水、泪水外还有一个个驿站，也许那就是自己的赞美。

你也会发现，只有自己的赞美才是最美最真实的。

生活当中需要阳光，只有拥有阳光，这个世界才能充满温暖，我们才能健康快乐地成长。而赞美就能给人带来心灵上的阳光，肯定则能够使人感受到灵魂的温暖，赞美和肯定使生活充满色彩，使人们充满动力、激情和创造力。

弗洛伊德心理学分析受尊重和肯定是人性的重要需求，我们每个人都渴望得到他人的尊敬、欣赏和重视，但往往一到现实当中就横挑竖挑找别人的毛病，以此来作为一大快事，岂不知会对人形成多大的伤害，岂不知以后别人又会如何看待自己，岂不知自己的路已经越走越窄，成为孤家寡人，为人疏远。

所以你要努力地去欣赏和赞美你身边的每一个人，只要通过两个方法你就可以轻松做到这一点。一是你要充分地欣赏你自己，对你自己充满信心，只有你尊敬自己、欣赏自己、相信自己，你才能更好地去尊重和欣赏别人，就是我们平常说的"爱己才能爱人"；二是你要多站在对方的角度上去考虑问题，多想想的他们的处境和背后的隐情，这样你便可以更好地理解他们。

我们每个人都有一支火把，这只火把就是我们的赞美和肯定，请你不要用冷水浇灭它，把它高高地举起来，和身边的人一起。众人共举，照亮大地，我们可以自信、从容地向更远的目标进发，我们也必将能够与身边的人一起感受到世界的和谐与美好。

寻找别人感兴趣的话题 ③③

　　谈话中，没有人会对自己不感兴趣的话题投入过多的热情，而如果遇到自己感兴趣的话题，他们常常会情绪激昂地参与进来。因此，在与对方谈话时，我们就可以抓住对方的这种心理，从而实现进一步的交流。

　　把话说到他人的心坎上，是一种高超的语言技巧。与人交谈时要"投其所好""避人所忌"。正所谓"话不投机半句多、言逢知己千句少。"要想打开交际的大门，就要学会对着对方心窝说话，让美好动听的语言走进对方的心田。

　　找准话题，就会与对方产生共鸣谈论别人感兴趣的事物，是深刻了解人并与人愉快相处的交往方式。

　　据说每一个拜访过美国总统西奥多·罗斯福的人，都会对他渊博的知识感到惊讶。哥马利尔·布雷佛写道："无论是一名牛仔或骑兵、纽约政客或外交官，罗斯福都知道该对他说什么话。"罗斯福是怎样做到这一点的呢？很简单。每当有人来访的前一天晚上，罗斯福都翻读这位客人特别感兴趣的话题的资料。因为罗斯福知道，打动人心的最佳方式是：找准话题，与对方心灵产生共鸣。

　　一位从事童军教育工作的丹尼尔先生为了赞助一名童军参加在欧洲举办的世界童军大会，极需筹措一笔经费，于是他前往当时美国一家数一数二的大公司，拜会其董事长，希望董事长能解囊相助。在这之前，丹尼尔听说那位董事长曾开过一张面额100万美金的支票，后来那张支票因故作废，他还特地将之装裱起来，挂在墙上供做纪念。

　　丹尼尔刚一走进他的办公室，立即针对此事，要求参观一下他这张装裱起来的支票。丹尼尔告诉他，自己从未见过任何人开过如此巨额的支票，很想见识见识，好回去说给那些小童军们听。董事长毫不犹豫地就答应了丹尼尔的请求，并将当时开那张支票的情形，详细地解说给丹尼尔听。后来，董事长说完关于那张支票的故事，未等丹尼尔提及，就主动问他："对了，你今天来找我，是为了什么事？"于是丹尼尔才一五一十地说明来意。

出乎丹尼尔意料之外，董事长不但答应了他的要求，而且还答应赞助5名童军去参加该童军大会，并负责全部开销，另外还亲笔写了封推荐函，要求欧洲分公司的主管，提供所需的一切服务。

试想一下如果丹尼尔没有事先知道董事长的兴趣所在，一见面就投其所好，引他打开话匣子，事情恐怕就不会是这个结果了。

在与他人谈话的过程中，一定要做到将心比心，说一些能够抓住对方兴趣的话题，把对方的注意力和好奇心吸引过来。这样会在很短的时间内缩短彼此之间的距离，化解心理上的隔阂，使交流顺利进行。

心理学认为，发展和实现人的潜力，是人贯穿一生的活动，生活的中心任务，就是找出尽可能充实的生活方法。不幸的是，就人们的经验或经历而言，由于人们生活在社会中，却常常感到和人相处不好，给自己带来一些不必要的烦恼。每一个人都生活在一定的文化群体或其他机构之中。在某种意义上，社会的每一个部分往往都有其鲜明的人格特征，就是说，每个人都有其特定的方式来行事处世，但是，当你说话时，别人对你的话题感兴趣而且很乐意参与到这个话题当中时，就意味着你们接下来的谈话可能会很愉快。

用眼睛注意对方的手势、姿势、表情以及当时的整个反应，用头脑分析其情况的真实程度，体会对方话语的意义。对方说话时的感受，是高兴、是愤怒，或是焦虑，这些情绪状态有时比话语本身更重要。体会对方谈话时的心情是与他人谈话和沟通的一项重要内容，从而恰如其分地关心对方，缩短与对方之间的心理距离。

有很多人都认为滔滔不绝的言谈就是沟通，他们自以为能够说服麻雀从树上下来。他们以为沟通就是说话，而忘了沟通的真义是疏通、拉近彼此的关系。沟通的是人，不是语言，言谈只是一种途径。

沟通就是为了彼此建立关系。沟通时，应以关系为重，对方情绪低落时，就不要再滔滔不绝地说对方不感兴趣的话题，从心理学的角度来说，沟通的语言就是不断地翻译。你倾听他人说的，翻译成他人所想的；同样，他倾听你的话，把它译成你想的。

因此，在谈话中，倘若别人明显地反映出对你的话题参与不多，言语不多的时候，他可能对你的话题漠不关心，也可能是因为害羞或者是不感兴趣。此时，你应该想方设法让他的热情高涨，这样才能让你们之间的气氛尽快变得融洽起来，要想做到这一点，就需要我们在与人说话时，先要多掌握别人的信息，知己知彼，百战不殆，只有了解到一个人的基本性格习惯和心理特点，我们在谈话的时候就不会触礁，反而会谈笑风生，让人如坐春风！

表达出你的诚实与热情 **34**

　　曾有人说："有了巧舌加诚意，就能够用一根头发牵动一头大象。"只要是真实可信的说话内容，加上热心诚恳的说话方式，说话交际就能达到理想的效果。

　　沟通要成功，第一个策略，就是要让人家感觉到你的热心和诚意。正所谓"精诚所至，金石为开。"如果自己本身都意未明，情未动，言不由衷，怎么去表情达意呢？如果说诚意所要求的着眼点是内容，那么热心所要求的重点就是在语言的表达上。"情自肺腑出，方能入肺腑。"只有深切的热诚，才能唤起别人的热诚。说话要有感而发，主要目的在于晓之以理的同时动之以情。

　　热诚的具体表现是多方面的，其中之一就是对他人的尊重和说话时的礼貌。人与人相处，除了道德和伦理上的意义之外，还有其特殊的含义，而且这种含义直接关系到自己或公司在大众心目中的形象和声誉，与公共关系目标的实现紧密相关，因此，如你身为公关或服务人员，就必须更注重诚意的表达，以及是否尊重对方。

　　尤其在公关策略中，公关人员服务的对象是"任一不特定的大众"，从理论上说，大众就是任何需要我们提供服务的人。因此，出现在公关人员面前的不管是群体还是个人，只要是他的顾客，就应该对他们讲信用，用真心为大众解决问题。

　　有一个平凡的业务员干了十几年的推销工作后，突然对长期以来的强颜欢笑、编造假话、吹嘘商品等招揽顾客的做法感到十分厌恶，他觉得这是生活上的一种压力，为了要摆脱这种压力，他决定要对人无所欺。因此，他下定决心今后要向顾客"讲真话"，即使被解雇也在所不惜。

　　有了这个念头之后，他觉得心情轻松多了。

　　从此之后，当第一个顾客进店光顾时，顾客问他店中有没有一种可自由折叠、调节高度的桌子。

　　于是，他搬来了桌子，如实地向顾客介绍。

他说："老实说，这种桌子不怎么好，我们得常常接受退货。"

"啊！是吗？可是到处都看得到这种桌子，我看它挺实用的。""也许是。不过据我看，这种桌子不见得能升降自如。没错，它款式新，但结构有毛病，如我向您隐瞒它的缺点，就等于是在欺骗您。"

"结构有毛病？"客人追问了一句。

"是的。它的结构过于复杂，过于精巧，结果反倒不够简便。"

这时，他走近桌子，用脚去蹬脚板，本来，这要像踩离合器踏板，得轻轻地踩，他却一脚狠狠踏上去，桌面突然往上撑起，撞到那位顾客的下巴。

"对不起，我不是故意的。"

这时，客人反而笑了起来，脸上甚至露出喜悦的神色。

"很好。不过，我还得仔细看看。"

"没关系，买东西不精心挑选是会吃亏的。您看看这桌子用的木料，它的品质并非上乘，贴面胶合很差，坦白说，我劝您还是别买这种桌子，您到别家家具店看看，那边的东西要好得多了。"

"好极了！"

客人听完业务员的讲解后感到非常开心，也出乎意料地表示他想要买下这张桌子，并且要马上取货。

顾客一走，这位售货员就受到了主管的训斥，并被告知他被"炒鱿鱼"了，马上要他到人事部办理离职手续。

过了一小时，这位售货员便动手整理东西，准备打包回家。这时，突然来了一群人，走到他面前，争着要看多用桌，一下就买走几十张桌子，说他们是刚才那位买桌子的客人介绍来的。

就这样店里成交了一笔很大的买卖。这件事也惊动了经理，售货员不仅没被辞退，经理还主动提出要与他再续约。而且，将他的工资提高三倍，休假时间增加一倍，还把他如实介绍商品的做法称为新型的售货风格，并要他继续保持下去。

人际沟通上的"诚意"，不仅会在商场上产生奇效，在政治领域中同样如此。

1952 年，艾森豪威尔竞选美国总统，年轻的参议员尼克松是他的副总统搭档。

正当尼克松为竞选四处奔波时，《纽约时报》突然报道尼克松在竞选中秘密受贿的丑闻，消息不胫而走，给共和党的竞选带来极为不利的影响。

为了摆脱尴尬的境界，共和党花了数万美元让尼克松利用媒体，向全国选民作半个小时的公开声明。很显然，能否澄清事实，取得选民认同，此举是关键。当时，全美国有 64 家电视台、700 多家电台把镜头、麦克风对准了尼克松。

然而让尼克松意想不到的是，当他走进全国广播公司的录音室之前，他被告知，助选的高级顾问已决定要他在广播结束后提出辞呈。

这意味着共和党和艾森豪威尔，已经在最关键的时刻抛弃了他。

于是，尼克松只好采取了一个在政治史上少见的行动：他把自己的财务状况全部公之于选民，先是公布了他的财产，再公布他的负债情形。

就这样，尼克松争取到了选民的同情，接着他就详细地说明自己的经济状况，连同怎样花掉每分钱都如实地告诉大众，这几乎是每天发生在大家身边的事，听来那么熟悉，那么真切可信。

最后他满怀感恩地说："我还应该说的是，我太太帕特没有貂皮大衣……还有一件事，也应该告诉你们，获得提名之后，我们确实收到一件礼物。得克萨斯州有一个人在收音机中听到帕特提到我们两个孩子很想要一只小狗，就在我们这次出发作竞选旅行的第一天，通过巴尔的摩市的联邦车站送来一只西班牙长耳小狗，带有黑白两色的斑点，我六岁的小女儿西娅给它取名叫切克尔斯，她非常喜欢那只小狗。现在我只要说明这一点，不管别人说什么，我们都要把它留下来。"

尼克松做梦也没有想到自己的演讲获得了巨大的回响。当他走出录音室时，到处是欢呼声，有数百万人打来了电话、电报或寄来信件，几乎每个著名的共和党人都发给尼克松赞扬的函电，从邮局汇来的小额捐款就达六万美元。

就这样，事实澄清之后，尼克松反而赢得了大批同情的选票。

后来，人们评论尼克松这次演讲成功的关键，就在于他的演说具有两大特点：一是"真诚"，二是"淳朴"。

当时，处于绝望边缘的尼克松，并没有以副总统候选人的身份，而是以一个普通人的形象出现在公众面前，与大家话家常，而他讲述的生活细节富有人情味，所以才能打动听众的心，获得他们的信任。

尼克松的获胜，可以说是"诚意策略"最成功的例子。

古今中外很多故事都说明了一个道理：诚实的语言不仅能够带来成功，甚至会创造神话般的奇迹；反之，如果一个人不能在语言上遵循"诚能感人"的原则，就会失信于人，轻则影响个人的形象和声誉，重则危及组织的前途和生存。

因此，一切有远见卓识的人，都必须把"诚"视为处世成功的基础，别再耍一些弄虚作假的手段，虽然顾客或大众中，有些人是比较好骗，但不可能所有人都是白痴，投机取巧和巧言令色的面具总有一天会被揭穿，虚情假意是永远逃不过人们的眼睛，因而也是永远说服不了大众的。

倾听一下别人的心声 ⑤

我们经常会遇上这样的情形：许多人坐在一起聊天，说话的人神采飞扬，眉飞色舞，而听话的人一边装着很认真的样子，一边摆弄着身上的小饰物，或者用自己的拇指与手机另一头的目标聊天，有时还常常看到倾听者总是按捺不住自己的兴奋和舌头，在对方谈兴正浓的时候插话进来，并且试图以自己的高调盖过对方。

然而，在一些人看来，"倾听"往往意味着交谈的目的并不是为了真正地听对方的谈话，而是在等待自己发言的机会。这从侧面反映出一个问题：在紧张、忙碌和快节奏的工作中人们对于时间的珍视和对于倾听的淡漠。

对于那个讲话的人来说，也许再也没有比对方环顾四周、漫不经心、随意插话更令人难堪的了。心不在焉、东张西望是对对方极大的不尊重。即使你在听，但需要注意的一点是，不要表现出对周围发生的事情很厌烦或者很感兴趣的样子。对方很在意你对他的谈话内容是否感兴趣，如果你东张西望，一方面分散了对方的注意力，更重要的是，使对方觉得你不在乎他，从而伤害了对方的自尊心。

所以，无论你是否对对方的话题感兴趣，你都应该一心一意地去听。如果你没有时间听对方说完，你可以采取某种方式暗示，相信一定会取得对方谅解，也会适时地中止谈话，这样也不会伤害到对方的感情。

几年以前纽约电话局发现一个用户总是对接线员恶言相加，这个用户的脾气特别不好，有时他特别生气了，还会威胁要把电话连根拔起。后来，他坚决拒绝缴付某些费用，说那些费用是无中生有的。最后，他写信给报社，还到公共服务委员会做了无数次的申诉，也告了电话公司好几状。

纽约电话局非常无奈，只能派公司里最能干的"调解员"去会见这位挑剔的用户。这位"调解员"静静地听着，让那位暴怒的用户痛快地把他的不满全部吐出来。电话公司的"调解员"耐心地听着，不断地说'是的'。

"他滔滔不绝地说着，而我倾听着，几乎有 3 个小时。"这位"调解员"把他的经验讲给别人。"然后，我又继续倾听下去。我见过他 4 次，在第四次会面结束之前，我已经成为一名他要成立的一个组织的会员，他把它叫作'电话用户保障协会'。我现在仍然是这个组织的会员，而就我所知，除了那位老兄之外，我今天是世界上这个组织的唯一会员。""我倾听着，对他的这几次见面中所发表的每一个论点抱着同情的态度。他从来没见过一个电话公司的人跟他这样谈话，于是他变得友善起来。在第一次会面的时候，我甚至没有提出我去找他的原因，第二次和第三次也没有，但是第四次的时候，这件事就完全解决了，他把所有的账单付了，而且撤销了公共服务委员会的申诉。"

吉恩·邓沃迪在乔治亚州的麦肯市拥有一家成功的建筑公司。当有人问他最擅长的是什么时，他回答："倾听。"接着，他解释道："我不是很有创意的人，但我在这里工作的儿子还有几个职员都很有创意，我所擅长的是聆听。你知道有时候客户和营造商会为了一些事情起争执，而因为我可以听到他们双方所说的话，我经常可以找到共同点。"这就是善于倾听的人所拥有的优势。

惠普公司的创始人之一大卫·帕卡德发明了所谓的 "惠普之道"，他要求他的经理与管理者做的第一件事情就是：先去倾听，然后去理解。这正是我们想要的。

其实，我们每个人都应该学会倾听，因为倾听的能力不仅是一种艺术，也是一种技巧。倾听需要专心，每个人都可以透过耐心和练习来发展这项能力。倾听是了解别人的重要途径，为了获得良好的效果。

那么，在倾听中具体应该注意些什么问题呢？

1. 学会用心倾听

眼睛注视着对方，身体前倾；还有，把手边的事先放在一旁，这代表你关心对方所说的话，而且给对方信心，让他把话说完，有些不善聆听别人说话的人，由于拼命地想表达自己的意见，有时会在刹那间变得心不在焉。这是因为他们想要急着表现一下自己的聪明才智，打算向对方说些中听的话，所以就将对方的话只听到一半便心不在焉了。

偶尔说上几句中听的话，是无法收到沟通效果的。彼此将内心想法完整地相互交换，才能达到沟通的目的。为了思考说些合情合理的话因而忽略对方所说的内容，抑或在中途加以妨碍时，彼此将无法相互理解。与其如此，还不如从头到尾一言不发地仔细聆听更能让对方感到称心。

2. 不要轻易插嘴

打断别人的话本来就是一件不礼貌的事情，这常常会激起别人的反感。

当你打断别人的话时，你想表示的是你要说的话比对方的话还重要，或者你想要表示的是自己对对方的话持赞同或者反对意见。当谈吐乏味沉闷的时候，你常常会精力分散，漏掉关键的字句，以至误会对方的意思，甚至主观地判断对方的观点，而全然不管那个观点可能根本不是那么回事。所以，即使对方是长舌妇或反复说那几件相同的事，奉劝你还是要耐心等候，这样会比插嘴收获更多。

3. 不要向无聊投降

善加利用对方的谈话资讯，以引导谈话方向。多提些问题，引导对方谈谈你感兴趣的话题。比如，有些年岁大的人尤其喜欢向年轻人说道理。当老年人一遍又一遍地向别人诉说自己的往事时，年轻人就表现出心情沉闷的样子来。其实，我们完全可以向老年人询问一下他们一些他们曾经经历过的事情，聆听师长或者前辈所说的话，也可以增长自己的见闻。毕竟，长者有义务向晚辈传递一些美好的往事。老年人并非单纯地陶醉于往事之中，或者只谈过去显赫的功绩，他们说的话，有很多时候是希望晚辈能从中学到一些对人生有利的东西。倘若聆听过前辈们的成功或失败经验后未能进行个案研究，自己也有可能重蹈覆辙。

4. 听得出弦外之音

人与人之间的对话，经常表面说的是一回事，心里想的却又是另一出戏。例如，表面在讨论如何修改文章的作家与编辑，心里想的也许却是谁的权力较占上风。恳求的或不悦的声调及弯腰驼背、手臂交叠、跷脚、眼神不定的肢体语言，通常可影响说话者70%的讯息。善用你的声调，如：深感兴趣的、真诚的、高昂的。善用你的肢体语言，如用手托着下巴，会显得你态度诚恳，而且鼓励对方说出心里的话。

5. 边听边沟通，了解对方的看法

曾有人这样说过："只要善于倾听，必定可以得到不错的点子。"一个好的倾听者没有必要完全同意对方的看法，但是至少要认真地接纳对方的话语，这是对讲话者的尊重，亦是对自身的尊重。点头、并不时"原来如此""我本来不知道"等，鼓励对方继续说下去。说不定他（她）说的是正确的，你或许也可从中获益。

如果你没有给对方机会，那么你便永远不会知道对与不对。就像一位名人所说的："学会了如何聆听，你甚至能从谈吐笨拙的人那里得到收益。"

每个人都喜欢谈论自己，这是人类的天性使然，所以当你愿意安静地聆听他人说话的时候，你便是最受欢迎的人。所以，正如莎士比亚

所说："多给别人耳朵，少给别人声音"，努力地改善自己倾听的技术，让自己拥有一双善听的"耳朵"，那么你很快就可以拥有一份良好的人际关系。

说话要有"气势" 36

哈佛学子认为一个人说话的"气势"是相当重要的，有时起关键作用。如果你有所坚持，却畏畏缩缩、矮人一截、不敢与人针锋相对，那么你的坚持恐怕也就无法坚持了。因此，当对方言辞犀利时，你的言辞就应更为犀利；如果对方气势过人，你的气势也应更胜他一筹，并且在谈话时应理直气壮、临危不惧，这样才能压倒对方。

《古文观止》中有一篇《唐雎不辱使命》的文章，内容是讲骄横的秦王想要吞并安陵君的国土，所以无理地表示欲以秦国五百里土地作为交换。对此，安陵君自然不同意，于是派唐雎出使秦国斡旋。

当秦王听说安陵君不愿交换土地时，顿时脸色大变，怒气冲冲地对唐雎说："你听说过天子发怒吗？"

唐雎回答道："我没有听说过。"

秦王说："天子一发怒，便能让百万人尸骨成山、血流成河！"

唐雎说："大王听说过百姓发怒吗？"

秦王说："平民百姓发怒，不过是摘下帽子，赤着双脚，拿脑袋撞墙罢了。"

唐雎说："那是庸人的发怒，不是勇士的发怒。如果勇士发怒了，倒下的虽不过是两人，血水淌过的地面也只有五六步，但普天之下的人，都会为他们披麻戴孝。现在勇士发怒了！"

唐雎说完话，立刻拔出宝剑，准备挺身而起。秦王一见，慌忙地对唐雎说："先生息怒！先生请坐下来谈，何必生这么大的气呢？现在我明白了，韩国、魏国都灭亡了，唯独安陵君仅仅50里地的小国还能留下来，就是因为有先生您这样的勇士啊！"

在这个过程中，唐雎针对秦王的贪得无厌，临危不惧、据理力争，甚至以死相搏，终于使秦王因心虚胆战而作罢。

凭借勇气而领先气势、步步逼近，当你掌握了这种方法时，你就能在论辩中体会到"道高一尺，魔高一丈"的真正含义。

冯玉祥任职陕西督军时，他得知有两个外国人私自到终南山打猎，并且打死了两头珍贵的野牛，就把他们召到西安，责问道："你们到终南山打猎，和谁打过招呼？有没有领到许可证？"

两个外国人回答道："我们打的是无主野牛，不用通报任何人吧！"

冯玉祥听了，带着怒气说："终南山是陕西的辖地，野牛则是中国领土内的东西，怎么会是无主呢？你们不经批准便私自打猎，就是违法！"

外国人狡辩道："这次到陕西，在贵国发给的护照上，不是准许我们带枪吗？可见我们打猎已经获得到贵国政府的许可，怎么能说是私自打猎呢？"

冯将军反驳道："准许你们携带猎枪，就是准许你们打猎吗？如果准许你们携带手枪，难道就表示你们可以在中国境内随意杀人吗？"

其中一个外国人，很不服气地说："我在中国15年，所到的地方没有不准打猎的，再说，中国的法律也没有规定外国人不准在中国境内打猎。"

冯将军冷笑着说："的确是没有规定外国人不准打猎的条文。但是，难道就有准许外国人打猎的条文吗？你15年没遇到过官府的禁止，那是他们昏庸！现在我身为陕西的地方官，我可不能昏庸。再说，我负有国家人民托付的保家卫国之责，自然要禁止你们私自打猎！"

这两个外国人最后在冯玉祥的理直气壮前不得不承认错误。

向批评致谢 37

富兰克林曾经说过："批评者是我们的益友，因为他点出我们的缺点。"其实，有时别人的批评不是对我们个人本身的不满，而是对我们做事或是对人态度的不满，他们的批评是对我们做事的建议，并不是无中生有的挑剔。善意的批评可以让我们知道自己存在着哪些不足和缺点，以便能逐步弥补和改掉它们，去完善自己。

爱德华·史丹顿曾经称林肯是"一个笨蛋"。为什么会这样？因为林肯干涉了史丹顿的业务。原来，有一次为了取悦一个很自私的政客，林肯签发了一项命令，调动了某些军队。史丹顿不仅拒绝执行林肯的命令，而且大骂林肯签发这种命令是笨蛋的行为。结果怎么样呢？当林肯听到史丹顿说的话之后，他很平静地回答说："如果史丹顿说我是个笨蛋，那我一定就是个笨蛋，因为他几乎从来没有出过错。我得亲自过去看一看。"

林肯果然去见史丹顿，他知道自己签发了错误的命令，于是收回了成命。只要是诚意的批评，是以知识为根据而有建设性的批评，林肯都非常欢迎。

如果有人骂你是"一个笨蛋"，你会像林肯一样欣然接受吗？哈佛学子认为，我们每个人都应该欢迎这一类的批评，因为我们甚至不能希望我们做的事有四分之三正确的机会，至少，这是哈佛名人罗斯福说他希望有的——而他那时候正入主白宫。爱因斯坦是世界上最有名的思想家之一，也承认他的结论有百分之九十九的时候都是错的。

"我们敌人的意见，"罗契方卡说，"要比我们自己的意见更接近于实情。"

当你习惯于这么想的时候，你就离真正的完美很近了。可惜，人无完人，我们对于这一点总是很难做到。

这句话是非常正确的。人性大师卡耐基亦是这么认为的。可是每当有人开始批评他的时候，只要他稍不注意，就会马上很本能地开始为自己辩护——甚至可能还根本不知道批评者会说些什么。卡耐基说，每次他这样做的时候，就觉得非常懊恼。我们每个人都不喜欢接受批评，而希望听到别人的赞美，也不管这些批评或这些赞美是不是公正。我们不是一种讲逻辑的生物，而是一种感情动物，我们的逻辑就像一条小小的独木舟，在又深又黑、风浪又大的情感海洋里飘荡。

因此，接受批评，这是一种最难培养的习惯。

如果有人批评我们，这时不要先替自己辩护。我们要谦虚，要明理，要去见批评我们的人，要说"如果批评我的人知道我所有的错误的话，他对我的批评一定会比现在更加严厉"，我们要依靠自己赢得别人的喝彩。

事实上，没有人喜欢受到别人的批评。在内心深处，我们都明白，批评是提高业绩，了解实情并避免灾难性决定的关键所在，但这是件痛苦的事。提出批评需要勇气，而接受批评则需要更大的勇气。能在事后感谢批评者的人，就是非常伟大的了。

那么面对批评我们应该持什么样的态度呢？虚心地接受，小心地选择，衷心地采纳。

李特尔是18世纪德国地理学开创人之一，他慷慨地提拔年青的批评者——弗勒贝尔的故事是感人至深的。李特尔非但不嫉恨和打击这位鲁莽的批评者，反而把他的批评文章推荐给一个著名的学术刊物，而且他本人还在公开发表的评论里，对这位青年学者的"敏锐头脑"和"真挚思想"大加赞扬。后来弗勒贝尔来到柏林，李特尔还热情接待，为他安排当时他极为需要的工作。一位受人尊敬的学术权威，如此对待一位毫不客气地批评他的后生，是否会使那些害怕甚至敌视批评的人觉得汗颜呢？

有人曾说："恭维是盖着鲜花的深渊，批评是防止你跌倒的拐杖。"听惯了奉承的人常常狂妄自大，只有虚心接受批评的人，才能改正缺点，提升自己。所以，我们必须养成虚心接受批评的习惯。

孔子在旅行途中看到一个老人从井里面打水来浇地。那是非常辛苦的工作，太阳又那么大。孔子以为这个人可能没有听说过现在有机械装置可以打水——你可以用牛或者马代替人打水，这样比较容易——所以孔子就过去对老人说："你听说过现在有机器吗？用它们从井里打水可以非常容易，而且你做十二个小时的工作，它们可以在半小时之内就完成。可以让马来做这件事情。你何必费这么大的力气呢？你是一个老人啊。"他肯定有九十岁了。

那个人回答道："用手工作总是好的，因为每当狡猾的机器被使用的时候，就会出现狡猾的头脑。事实上，只有狡猾的头脑才会使用狡猾的机器。你这不是存心败坏我吗！我是一个老人，让我死得跟生出来的时候一样单纯。用手工作是好的。一个人会保持谦卑。"

孔子回到他的门徒那里。门徒们问："您跟那个老人谈什么呢？"

孔子说："他看起来似乎是老子的门徒。他狠狠地敲了我一棒，而且他的论点好像是正确的。"

其实，如果我们有幸得到他人正确而公正的批评，这是一件很荣耀的事情。我们设身处地地想一想就会明白，批评别人同样也需要很大的勇气，也要冒很大的风险，因为谁都知道"多栽花，少种刺"的道理。只有真正为你好的人才会真诚批评你，才会指出你的缺点和错误所在。

春秋战国时期，墨子与他的弟子耕柱之间发生的一件事情就很巧妙地说明了这一点。

耕柱虽然一代宗师墨子的得意门生，但却总是会因为这样那样的事情挨墨子的责骂。

有一次，墨子又因为某件事情而批评了耕柱，耕柱觉得很委屈。因为在墨子的众多门生之中，耕柱是公认的最为优秀的门生，然而他却偏偏经常会遭到墨子的批评，这让他感到很没面子，为此而郁闷不已。

这天，耕柱为此而愤愤不平地问墨子说："老师，难道在这么多门生中，我竟是如此的差劲吗？为什么您老人家总是会时不时地就责骂我呢？"

墨子听了耕柱的话后，反问道："假如我现在要去太行山，依你之见，我应该要用良马来拉车，还是用老牛来拖车呢？"

耕柱回答说："再笨的人也知道应该用良马来拉车。"

墨子又问耕柱说："那么，为什么不用老牛呢？"

耕柱回答说："理由非常简单，因为良马足以担负重任，值得驱遣。"

墨子说："你答得一点也没有错。我之所以时常责骂你，也是因为你能够担负重任，值得我一再地教导与匡正啊。"

耕柱听了墨子的这番话后，立刻就明白了老师对自己的良苦用心。从此以后，耕柱再也不觉得遭受到批评会没面子了，相反，他为此而更加的发奋努力，最终成为墨子思想的继承者。

在我们的生活中，每一个人都喜欢听好话，谁都不愿意被别人批评。然而，当我们面对批评时，一定要正确地对待，不管自己有没有过错，一定先要诚恳地接受，有则改之，无则加勉。千万不要采取错误的态度来对待批评，更不能把批评我们的人当成仇人来对待。要知道，智者只对值得批评的人提出批评意见，谁都不愿意冒着被别人仇视的风险去批评别人，只有真正为你好的人才会真诚地向你提出批评。

在面对批评时，我们要虚怀若谷，真诚地接受。我们必须要能够从内心深处真正地认识到自己的错误并真心地加以改正，才会使批评的价值得到体现，才会使自己不断进步。

社会学家戴维斯说：放弃了自己对社会的责任，就意味着放弃了自身在这个社会中更好的生存机会。我们每一个人都会犯这样那样的失误。出现失误并不可怕，问题的关键在于我们要能够为自己的行为负责。然而，很多人往往会因为面子问题或其他原因，经常是在问题发生之后，习惯于去指责别人、推卸责任。当然，他们也就因此而失去了本该属于自己的机会。

其实，我们每个人都应该勇于承认自己的失误并诚恳地接受批评，都应该向批评致谢。

笑着迎接别人的误会 36

　　生活中，你一不小心就可能被人误解。被人误解是件痛苦的事情，但是你不得不忍受一个"变味"的世界。刚刚还好好的关系，突然他就不理你了；刚刚还万里无云的心情，突然就冰泉冷涩弦凝绝，黑雨压城城欲摧。这时你内心是痛苦的，因为你不得不忍受一个冷漠的世界，一个被孤立的世界，一个被曲解的世界。

　　美国阿拉斯加地方，有一对年轻人结婚，婚后生育，他的太太因难产而死，遗下一个孩子，他忙于生活，又忙于看家，没有人帮忙看孩子。因而他训练了一只狗，那狗聪明听话，能照顾孩子，咬着奶瓶喂奶给孩子喝，抚养孩子。有一天，主人出门去了，叫狗照顾孩子。他到了别的乡村，因遇大雪，当日不能回来。第二天才赶回家，狗立刻开声出来迎接主人。他把房门打开一看，到处是血，抬头一望，床上也是血，孩子不见了，狗在身边，满口也是血。主人发现这种情形，以为狗性发作，把孩子吃掉，大怒之下，拿起刀来向着狗头一劈，把狗杀死了。

　　之后，突然听到孩子的声音，又见他从床下爬了出来，于是抱起孩子，虽然身上有血，但并未受伤，他很奇怪，不知究竟是怎么一回事，再看看狗身，腿上的肉没有了，旁边有一只狼，口里还咬着狗的肉，原来，狗救了小主人，却被主人误杀。这真是可悲的误会。

　　误会常常是在不了解、不理智、无耐心，缺少思考，未能多方体谅对方，反省自己，感情极度为冲动的情况下所发生的。误会一开始，即一直只想到对方的千错万错，因此，会使误会越陷越深，弄到不可收拾的地步。人对小动物狗所发生的误会，尚且有如此可怕的后果，人与人之间的误会，后果更是不堪设想。

　　许鹏因为陪妈妈看电影拒绝了同学要他去网吧的邀请。他总是觉得过意不去，便要求那7位好朋友来家里聚餐。

　　等了半天只到了6位，还差一人。许鹏自言自语地说："该来的不来！"其中两位客人心想："可能我们是不该来的。"悄悄溜走了。许鹏转来一看着急地说："不该走的又走了。"又有两位客人想："那么我们是该走的了。"于是也伺机溜走了。许鹏见状，更加着急，说："该来的没来，不该走的又走了。"最后两位客人也气呼呼地走了。

许鹏本来是一片好心，为什么客人却走光了呢？

他百思不得其解，便向爸爸请教。

爸爸说："这就是因为你的话引起了客人的误解所致。"

面对别人的误解，你可以有两种选择，一种是以牙还牙，他们不理你，你也再不理他们，你给他们打招呼他们不搭理，今后他们再和你打招呼，你也不搭理他们。谁怕谁啊，是不是，世界上少了谁地球照样转。第二种是一往无前地面对这些误解你的人。身正不怕影子歪，乌云过后就是阳光。应该怎么对待他们就怎么对待，时间会证明一切，到时候脸红的是他们。

对这两种态度，很自然第一种消极，第二种积极。第一种只会让别人错误的看法影响你的生活，直至改变你的生活。你的这种报复态度，只能证明你是一个生活的弱者。因为你没有强大的内心，一点风吹草动就会使你内心掀起轩然大波。你常常被生活牵着鼻子走。你无法掌控自己的生活，无法把握自己的命运。而第二种态度则是一种非常明智的态度。晓得了谣言只是因为别人错误的不准确的自以为是的看法所致，错误在别人身上。所以，要想战胜它，你只有以一种博大的胸怀宽容别人的过失，理解别人，尊重别人。一切谣言终会被时光机器冲刷干净，不攻自破。

苏东坡有言"无故加之而不怒，猝然临之而不惊"。《史记》有言曰："胜，不妄喜；败，不惶馁。心有激雷而面如平湖者，可拜上将军也"。其实，每个人都会有面对生活强加给你的谣言蜚语，阴霾闪电的时候，这时候如何处之，就显示了一个人最基本的心理素质。惊慌失措，以牙还牙，只能是庸人所为；不弃不馁，从容面对，才是智者本色！

面对被人误解，你只要能认识到错误在别人，你就胜利了一半。这时候，你只要以微笑来迎接别人的误会，你就彻底胜利了！

丢脸，其实是一种磨炼 35

　　一般地说，每个人都想使自己聪明，都怕在众人面前出丑。这似乎是决然对立的两件事，聪明人决不会出丑，出丑的人必然是笨蛋。然而，实际生活并非如此。最聪明的人有时就像一个大傻瓜，他们当众出丑，却若无其事，他们被人嗤笑却自得其乐。然而，他们就是这样聪明起来的。

　　吉姆读书时网球打得不好，所以老是害怕打输，不敢与人对垒，至今他的网球技术仍然很蹩脚。吉姆有一个同班同学，他的网球比吉姆还打得差，但他不怕被人打下场，越是输越打，后来成了大学网球代表队员。聪明是令人羡慕的，出丑总使人感到难堪。但是聪明是从无数次出丑中练就的。如果不敢出丑，就永远都不会变得聪明。精明人总是很赞赏那些勇敢地去干他们想干的事的人们，即使有时在众人面前出了丑，他们还是洒脱地说："哦，这没什么！"就是这么一类人，他们还没学会反手球和正手球，就勇敢地走上网球场；他们还没学会基本舞步，就走下舞池寻找舞伴；他们甚至没有学会屈膝或控制滑板，就站上了滑道。罗斯只会说一点点可怜的法语，却毅然飞往法国去做一次生意旅行。虽然有人告诉过她：巴黎人对不会讲法语的人是很看不起的。但她坚持在展览馆、在咖啡店、在爱丽舍宫用法语与每个人交谈。不怕结结巴巴、不怕语塞傻笑，出丑吗？一点也不。因为罗斯发现，当法国人对她使用的虚拟语气大为震惊之后，许多人都热情地向她伸出手来，为她的"生活之乐"所感染，从她的对生活的努力态度中得到极大的乐趣，他们为罗斯喝彩，为所有有勇气干一切事情而不怕出丑的人欢呼，这类人还包括那些学习对他们来说并不容易的新学问的人。

　　生活中有些人由于不愿成为初学者，就总是拒绝学习新东西。他们因为害怕"出丑"，宁愿闭塞自己的机会，限制自己的乐趣，禁锢自己的生活。

　　萧伯纳不仅是英国杰出的戏剧家，也是一位出色的演讲家。有趣的是，他学演讲的过程也颇具"戏剧性"。

　　萧伯纳年轻的时候是个非常胆怯的人。20 岁的时候他来到大城市伦敦，那时他的胆子非常小，而且不好意思见人。一次，别人请他去做客，他在河堤上走来走去，磨蹭了二十多分钟，才壮起胆子去赴约。到了门前，他还是情绪慌乱，不敢去敲人家的门。还有一次，朋友邀他去参加学术辩论会，他在会上万分紧张地站起来，结结巴巴、语无伦次地发言，结果受到别人的讥笑，有人甚至说他是傻瓜。对于年轻时的胆小和恐惧，后来的萧伯纳坦然承认："很少有人像我这样因为胆小而痛苦，或极度地感到羞耻。"

　　当他意识到自己不敢大胆讲话这个严重的缺点后，便发愤练习演讲，决心把自己的缺点变成优点。他为自己制定了一个训练计划——以学溜冰的方法练习演讲。他联想到自己初学溜冰时也很恐惧，但后来终于在一次次狼狈不堪的摔倒中逐渐熟练掌握了成功的要领。可见，不上溜冰场，就学不会溜冰。同样的道理，如果不当众练习，自己就不可能真正学会演讲。他下定决心，一定要抓住任何一个开口说话的机会，不怕出丑。因为只有如此，胆怯才会远离自己，否则，自己永远都只是个胆小鬼。于是。他先是勇敢地报名加入伦敦的一个辩论学会，每星期都坚持当众演讲。刚开始，别人都把他当成一个"小丑"，取笑他，甚至轰他下台，但他始终坚持演讲完毕再下台。他一次又一次地向自己挑战，内心里总是一遍遍地高喊："我不怕出丑！我不怕出丑！

　　慢慢地，他变得胆大起来，演讲也越来越流利了。从不怕出丑中尝到了甜头，萧伯纳开始寻找更多的锻炼机会。此后，每逢有公众讨论的聚会，不管是在教堂、学校，还是在公园、码头、市场；不管是在挤满上千听众的大厅，还是在只有寥寥几人的地下室，他都踊跃参加。并且，他还全身心地投入到社会运动中，四处演讲。

　　当然，战胜自己的过程是无比艰辛的，萧伯纳饱尝了怯懦、恐惧的煎熬，以及别人讥笑的折磨，但他始终未曾退缩，而是以强大的毅力坚持下来。结果，他从一个自卑怯懦的青年，变成了二十世纪上半叶最出色的演讲家之一。后来。有人曾问萧伯纳："您是怎样学会声势夺人地当众演讲的？"他回答说："我固执地、一个劲儿地让自己出丑，直到娴熟为止！"

　　中国人都比较内向，大家一起听你说话的机会很难得，要珍惜每一次当众说话、当众表演的机会，就让自己积累挫折、积累出丑的经验，这样才能够取得成功。这次出丑了，你们笑话我吧，我就不要脸了一分；下次又出丑了，我就不要脸了两分；等我全不要脸了，我就进入了自由王国、无我的状态。

　　哈佛认为 "自我" 就是由所谓的面子、虚荣心等等诸如此类的东西构成的，当这些东西全被摧毁时，你就突然发现你获得一切了。你今天在十个人面前出了一个很小的丑，明天这就能帮你在十万人面前挣回一个大面子。君不见哈佛人之所以能够取得一个又一个成功，这与其能够放下架子、舍得面子、敢于出丑有着密不可分的关系。

40 用热情打动别人

热情能够最大限度地激发人的潜能。查尔斯曾说："一个人，当他有无限的热情时，就可以成就任何事情。"当你被欲望控制时，你是渺小的；当你被热情激发时，你是伟大的。哈佛学子曾经说过："热情比怨恨更得人心。"在人与人交往中也是这样，热情就是一种人与人之间的黏合剂。

在日常生活中，你都会和陌生人接触，给人留下好的印象之后，有些场合就需要你主动热情地与人交流了。在你参加一个聚会或者在其他场合的时候，你只有热情才不会被冷落，才会更快地与别人打成一片。

绝大多数人都喜欢和热情的人交流，因为大家在不熟悉的情况下都怕被拒绝，那是很没有面子的事情。保持你的热情拿出微笑，别人会少了很多的陌生感。哈佛心理学家研究发现，面带微笑会让别人感到愉悦，并且拉近陌生人之间的距离。而且你主动热情地找到了话题，大家就可以顺着话题说下去，大家也不必再费尽心思地去找合适的话题了。

热情如火，要让别人看到你的主动，感受你的温暖。这时你就会赢得信任，和别人的交流就容易了。

有一家食品厂登出了招聘启事，许多人得到消息，纷纷赶来应征。

考核的时间还没到，外面却飘起了雨，这时在外面急着将货品搬上车的工人跑了进来，向招聘的负责人求援，希望能找几个人到仓库帮忙。人事主管于是向大家询问："有没有人愿意帮忙？"

只见一堆人纷纷站了起来，表现出极大的热情，他们跟上前去，个个都非常卖力地帮忙搬货上车。

过了一会儿，厂长来到仓库，发现这么多人聚集在这里，立即找来负责的人问明原因，而负责招聘的人便如实告知。

没想到厂长却大发雷霆，怒斥道："乱七八糟！我不是说过了，要再过一段时间才招聘吗？"

这时正愉快地帮忙搬货的应征者，听见厂长这么说，不少人当场发火说："这么说来，你们不是在骗人吗？搞什么名堂啊！"

他们气愤地说着，并气呼呼地将手上的货物随地一扔，一大群人便急匆匆地往外走去。

此时，雨越下越大，仓库的负责人眼看着货物全堆在外面，焦急地请求他们帮忙，并允诺会给予报酬，但是大家仍不为所动，只有一个人在大家的嘲笑声中留了下来。

货物搬完后，这个人没领报酬就往大门走去。

然而，就在这个时候，人事主管忽然跑了过来，用力地握住他的手说："恭喜你，你已经通过本公司的考核，请你明天就开始上班。"

这个年轻人听了满头雾水，正在纳闷时，只见厂长站在前方，用赞许与肯定的目光，向他点头致意。

故事中的面试者大多都抱着现实的"交易"心态，期待在付出后会有必然的收获时，聪明的老板只以一句话，便直接拒绝了那些工作心态不正确的求职者。

其实热情很简单，你的一个善意的眼神，一个美丽的微笑都会让人倍感温暖。当别人需要帮助的时候，你主动一点帮忙；当过道狭窄，你微笑让道；当你看见心仪的对象时，主动上前搭话，等等。如果你一脸冷漠，那么你向别人传达的也是冷漠，不愿意与人交往，那么也就没有人愿意来和你说话了，因为大家都怕碰钉子。

人与人的交往是双方的，互动的。主动向别人介绍自己，就可以得到大家的响应。

但是在生活中，我们有时候也会讨厌一种人，那就是过分热情的人，这种人让人感到一种压迫感，而且有时候会觉得这样的人不怀好意。所以凡事都有个度，所谓的过犹不及就是如此，做得太过分了会适得其反。

所以，我们要掌握好一个"度"字，在生活中要积极主动地与别人交往，表现你大方的一面；同时也要注意别人的性格及你们之间的熟悉程度，说你应该说的话。让别人觉得你热情大方，值得认识，是绝对不做作，不讨厌。

人生总会发生很多遗憾的事情，为了减少我们的后悔，在以后的回忆里你总是努力地，那么从现在开始我们每个人就要学会和陌生人接触的技巧，学会热情主动，不要被动地让别人来介绍。对着镜子练习微笑，摆脱冷漠，走向热情。

41 有时候，示弱一下

在安徽台陈鲁豫主持的节目《说出你的故事》时，看到了多面奶茶刘若英，从言谈举止中看出奶茶是个倔强而自立自强的女人，但她说生活中很多时候需要"示弱"，她正在逐步完善自己的这一优良品质。向人示威是人人都会的，向人示弱却是少数人才会的，因为这需要智慧和勇气。

听说海滩上有两种蓝甲蟹，一种凶猛勇敢能征善战；一种是温和谦虚，遇有敌人便翻身装死。千百年演变后，强悍凶猛的蓝甲蟹越来越少，而喜欢示弱的蓝甲蟹则繁衍昌盛，遍布世界许多海滩。由此可见，示弱可以让弱者变得更加强大。翻开中国历史画卷我们可以看到：刘备屈皇叔之尊三顾茅庐，使得天下三分有其一；韩信能忍胯下之辱，得以叱咤风云，成就一代名将；勾践卧薪尝胆，最终光大越国，灭掉吴国；蔺相如示弱廉颇，反见美德，赢得将相和的千古美名。可见古人的示弱可以成就大业，名垂青史。

人力资源专员郭玉萍入职五年，能干又努力，工作认真，做事漂亮，人缘极佳，但让人不解的是尽管工作出色，可仍旧原地踏步，难以升职，倒是那些不如她的同事却接二连三地升了职。

没错，她郭玉萍是能干，但上司就是不喜欢她。为什么？一个重要的原因就是她在小节上从不顾及上司的感受，比如每次开会老板都指定郭玉萍做会议记录，郭玉萍整理出来后从来不会让直接主管上司过目就直接上交老板，因为老板夸她有妙笔生花的文案整理功夫；她帮其他部门做事，从不事先请示上司是否还有更重要的工作分配给她，就自行接下，也不管这事会不会留下什么隐患，所以她是得到了好口碑，上司倒显得有些小气。

部门要买个投影仪，上司让她询价做比较，然后准备购买一台，郭玉萍拿到供应商资料后多方比较，自作主张就订了货，还对上司说出一大串理由，好像她做事是多么的圆满在看到又一个同事加薪升职后，郭玉萍叹道："唉，上司真是瞎了眼了。"

其实上司一点也不瞎，人家心里亮堂着呢。职场升职加薪需要靠自己的努力和才干获得，但职场还有自己的潜规则，说的是做事要多请示上司，功劳、荣耀要与上司一起分享，千万不要埋没领导的支持和指导。不管你承认不承认，那些表现出色，从不出事，也不需要上司来指点的人，并不一定能得到重用和认可，甚至还不讨上司喜欢，因为面对他的完美，上司无法进行指导，无法显示才干，而他也就不会和进步或改正之类的词挂钩。这时候，完美就是你的缺点。倒是那些大错不犯小错不断又喜欢和上司接近的人容易获得更多的机会，因为他们给老板预留了发挥的空间，让上司很有成就感，即便日后升了职也会被骄傲地冠名为"我培养出来的"。有时候，满足一下上司的虚荣心也算剑走偏锋的一招。顶头上司对我们的晋升起着至关重要的作用，如果能与他建立良好的关系，我们的晋升就容易得多，否则的话，即使你有一身的本领，也毫无用武之地。因此，如果你有晋升的愿望，就要和顶头上司搞好关系。

记得我曾看到一篇报道，说有位大学毕业生，在择业招聘书上写下了自己"不太合群"的弱点。意想不到的是，招聘单位反而录取了他。在招聘单位看来，实事求是地说出自己的个性弱点，恰恰是其诚实守信的表现。真诚地袒露自己某些方面的弱点，往往是一种有益的处世之道。从这个意义上说，"示弱"不也是一种境界吗？

古人说的好：尺有所短，寸有所长。地位高的人在地位低的人面前，诚恳展示自己经验有限等弱点，成功者不回避自己的失败记录，有一技之长的人承认自己在其他领域上的不足等，其意义绝不仅仅在于处世智慧。至于那些因偶然机遇获得成功的人，则更应宣示自己的幸运。沈从文虽然小说写得很好，在世界上也很有影响力，可他的授课技巧却很一般。他颇有自知之明，上课时开头就说："我的课讲得不精彩，你们要睡觉，我不反对，但请不要打呼噜，以免影响别人。"这么"示弱"地一说，反而赢得满堂彩。作为中国当下身价最高的体育明星姚明，我们从没听说过他的乖戾、狂妄等传闻，即使外界对他有一些误会，他也甘心"示弱"，以一贯的从容、自信、优雅来轻松化解，从未见他大动肝火，也不去解释他的所为。正因为他低调处事、与人为善，才受到很多人的喜爱和尊敬。

聪明的哈佛人认为强者"示弱"，无论对于自己还是对于弱者，都能有所收获。因为强者以弱者的姿态行事，人自然会谦虚谨慎，别人也乐意接受。如此，则强者更强。而对于弱者，则能从中获得慰藉、平衡，从而在心平气和中自觉向强者学习，并有所进步，有所提高。

其实，适时示弱是一种生存智慧，也是一种获取成功的手段。强者示弱，不但不会降低自己的身份，反而能够赢得别人的尊重，留下"谦虚、和蔼、平易近人、心胸宽广"等美名。懂得示弱的人，往往能更有力地存活下来。

　　因此，无论在工作还是生活中，我们都要学会适时示弱。只有这样，我们的人生之路才会走得顺畅。

宽容别人，就是善待自己 42

    宽容，就是宽厚能容忍。它是人类一种可贵的胸襟，可以说是一种美丽而富有爱的人格。

    人生活在这个世界上，并不是孤立能够存活的。从原始社会到现在要是没有人与人之间的交往和接触，估计人类仍然过着野蛮的生活。古人很早就提到过，做事情一定要注意天时、地利、人和。把后者人和才是最为关键的条件。人和就是团结，团结就需要一个融洽的环境，内部的成员"宽容"营造了一个能固若金汤的团队。

    无论是对于一个民族、一个国家、一个组织、还是我们每一个个体而言，宽容都是解决一切矛盾的前提。宽容，是一种人类的美德，有了宽容、谦让，就有了有了和平、平安的环境，人类才可以享受没有战争的和平世界。

    学会在宽容中理解他人，善待他人，关心他人。才可以得到别人的理解和宽容。这也是对于人的一种本身的尊重的表现之一。

    汉景帝时，袁盎曾经是诸侯国吴国的宰相。他在吴国任职时，手下有一从史跟他的侍女私通。袁盎知道后，不但没有什么，还装作什么也没发生。对待这位从史还和以前一样。当从史知道自己的事情已经泄露到袁盎那里后，从史害怕，连夜逃跑了。袁盎得知后，赶紧亲自追回从史，并把侍女送给从史。有人说闲话，袁盎就说："喜欢美女是人之常情，不必再提。"这番举动让从史感动不已。

    后来袁盎被招进朝廷为官。当时正值各分封诸侯国飞扬跋扈、不听中央号令的时候。不久吴国和楚国叛乱。朝廷由于实力不够，不得不派遣使者前往说服吴楚停息叛乱，于是袁盎被派往吴国。

    出使吴国后，吴王想留下袁盎做将军，袁盎不答应。于是吴王密令一都尉带领 500 人包围了他的住所，将其软禁了起来，准备第二日杀害他。

    半夜里，监守袁盎的校司马把袁盎从床上拉起来，说："您快逃走吧，吴王要杀你。"

    袁盎不相信，问："你是什么人？"

司马说："我过去是您的从史。蒙您不记我的罪过，并赐我侍女。"

袁盎推辞道："我不能走，这岂不连累了你和你的家人。"

司马说："我已经安排好了，您不用替我担心！"说完，割破帐篷，领着袁盎到了安全的地方。袁盎于是安全地回到朝廷。

哈佛学子亨利·梭罗曾说："谁若想在困厄时得到援助，就应在平日待人以宽。"你怎样对待别人，别人就会怎样对待你。当你善待别人时，别人也会给你应有的回报。

袁盎因为当初的宽容之举世闻名使自己危险时刻逃过一劫。或许这并不是袁盎当初宽容的意图，但是生活中宽恕了他人，换来的却是别人的誓死相报。因而你的宽容之举拓展的也必然是自己的生活之路。正如某位智者所言：你待人的心有多宽，你的路也就会有多宽。

宽容不仅赐福于被宽容的人，也赐福于宽容者本人。其实，宽容别人就是善待自己。

美国第三任总统杰斐逊与第二任总统亚当斯从恶交到宽恕就是一个很好的例子。杰斐逊在就任前夕，到白宫去想告诉他们之间的友谊。可杰斐逊还来不及开口，亚当斯便咆哮起来："是你把我赶走的！是你把我赶走的！"从此两人不再交谈达数年之久。直到后来，杰斐逊的几个邻居去探访亚当斯，这个坚强的老人仍在诉说那件难堪的事，但接着冲口说出："我一直都喜欢杰斐逊，现在仍然喜欢他。"邻居把这话讲给了杰斐逊听。听后，他便请了一个彼此皆熟悉的朋友传话，让亚当斯也知道他深重友情。后来，亚当斯回了一封信给他，两人从此开始了美国历史上最伟大的书信往来。

宽阔的胸怀是一种可贵的精神，亦是一种高尚的人格，宽阔的胸怀意味着理解和通融，是融洽人际关系的润滑油，是友谊这桥的凝固剂。宽阔胸怀还能将敌意化解为友谊。

一个富翁有三个儿子，就在他年事已高的时候，富翁决定自己的财产全部留给三个儿子中的一个。可是，到底要把财产留给谁呢？富翁最后想出了一个可行的办法：他要三个儿子都花一年的时间去观游世界，回来之后看谁做了最高尚的事情，谁就是财产的继承者。一年的时间很快就过去了，三个儿子按时回到家中，富翁要三个儿子各自讲一讲自己的亲身经历。大儿子得意地说："我在游历世界的时候，遇到了一个陌生人，他十分信任我，把一袋金币交给我保管，可那个人却意外地去世了。最后，我就把那袋金币原封不动地交还给了他的家人。"二儿子自信地说："当我旅行到一个贫穷落后的村落时，看到一个可怜的小乞丐不幸掉到湖里了，我立即跳下马，从河里把他救了起来，随后留给他一笔钱。"三儿子犹豫了一下说："我，我没有遇到了一个人。他很想得到我的钱袋，一路上千方百计地害我，我差点死在他手上。可有一天，我经过悬崖边，看到那个人正在悬崖边的一棵树下睡觉，当时我只要抬一抬脚就可以很容易地把他踢到悬崖下。我想了想，觉得不能这么做，正打算走，又担心他一翻身掉下悬崖，立即就叫醒了他，然后我才继续赶路了。这实在是算不了什么有意义的经历。"富翁听完三个儿子的话，点了点头说道："诚实、见义勇为这都是一个人应该有的品质，但是称不上高尚。有机会报仇最后却放弃了，又反过来帮助了自己的仇人脱离危险，这样的胸怀才是最宽阔的、最高尚的。因此，我的全部财产都归老三管了。"

宽容会使你的精神达到一个更高的境界。在我们的生活中，难免会发生这样那样的事情：亲密无间的朋友，无意或有意间做了伤害你的事，你是用宽阔的胸怀包容他，还是从此与他分手，两不往来，或俟机报复？有句话叫"以牙还牙"，分手或报复似乎更符合人的本能心理。倘若这样做的话，怨恨就会越来越深，仇也越积越多。可是这样的话，以冤报冤何时了呢？如果你在切肤之痛后，采取别人难以想象的态度，用宽阔的胸怀包容对方，表现出别人难以达到的胸襟，你的形象瞬时就会高大起来。你的宽宏大量、光明磊落会使你的精神达到一个新的境界，这样你的人格就会折射出更高尚的光彩。

哈佛教授珍妮·玛蒂尔说："人们每做一件好事的时候，都会在内心产生一种愉悦。其实，这就是爱心和善举给我们的回报，这种回报正是人生最宝贵的东西。"

在我们的生活中，善待别人也就是善待自己，要想让自己活得更开心，就宽容曾经让你失望的人吧，宽容你的敌人，以退为进，也是一种生活的处世策略。学会宽容，一切矛盾和不开心的事情都会变的海阔天空，学会宽容，遇到生活中的旋涡和大浪，也会让你控制的风平浪静。

善待别人也就是善待自己，道理很简单，宽容也是一种做人的艺术，学会了宽容，相信一定能给你的人格增添一分绚丽的色彩。

43 适当地吃醋，让爱情更美好

在《红楼梦》中，林黛玉特别善于通过"吃醋"来表达对宝玉的感情，也因此不知对宝钗说过多少尖酸的话。为了证明自己的真心，宝玉煞费苦心。然而，牙牌事件之后，黛钗和解了，黛玉不再就什么"金玉良缘"使小性子，宝钗也不再逮机会嘲讽宝黛二人，天下从此太平了。面对此种情形，宝玉应该倍感高兴才对，可是宝玉却表现出闷闷不乐。

这就是人性的奥秘。爱情的甜蜜有时候也来自恋人对情敌的防备，以及必要时的主动出击。但是，"吃醋"的人应掌握好火候、时间和地点。理性的吃醋才会让对方自豪、感动、心疼和幸福，反之，就会与自己的初衷背离，成为无休止的争吵和猜忌的导火线。

丽兰给我讲了自己的故事：

有人说，激素是控制男人目光和血液的杠杆。通过看美女和用语言来打发过剩的激素，对男人来说是自然而然的事情。看到老公带着欣赏的神情说："那女孩长得真漂亮。"起初心里有点酸，可是仔细一想，欣赏美女是男人的天性，再说这也不能代表什么。所以，每当走在大街上，老公的目光随着某位美女游移，并且推推我的胳膊说："你看，那女孩身材不错吧。"我也就顺势发挥与生俱来的对美的兴趣，和他一起评头论足。

可是，有一天，老公却突然问我："老婆，我夸别的女孩漂亮你怎么都不生气呢？你是不是不爱我呀？"看到他那幅认真的表情，我扑哧笑了："傻瓜，爱美之心人皆有之嘛，再说这也不能代表什么呀。"本以为自己给了老公一个非常高明的答案，可是我却发现他的眼睛里闪过一丝失落。

从那以后，我隐约发现，老公有了些变化。以前他和哥们去泡吧是这样告诉我的："今天晚上我加班，晚点回来。"现在改为，"今晚我跟同事在一起，不知什么时候回家。"以前他打电话声如洪钟，现在一接手机就故意压低声音，窃窃私语，有时甚至装模作样地和我拉开一段距离。以前他收发"伊妹儿"总是光明磊落地当着我的面进行，现在一看到我的影子就赶紧把网页"下底"，如果我在他身后徘徊，则坚决不写回邮……

这些古怪的举动把我搞得莫名其妙，在我一番穷追猛打之后，事情都清楚了，他既没有什么红颜知己，更没有什么神秘网友。

几番思量，我终于明白，他这些奇怪举动是对我的"大度"的婉转反抗。凡事神经过敏、醋劲十足自然不好，但女人若是完全不吃醋，男人心里也会受到伤害。若在妻子眼里成为"安全型"的男人，他们会认为一定是自己的魅力不够，于是，他们便会千方百计地让自己神秘化和暧昧化。或许，在爱情中"吃醋"是爱的一种特有的表达方式，从中，爱人能够感受到你对他的关注与关心。

从此以后，我的"大度"也变成了"有度"，老公回来晚了，我会打几个电话，吃吃他工作的"醋"和朋友的"醋"。倘若他再在我面前夸哪个女孩漂亮，我就狠狠地掐他的胳膊。老公呢，也时不时"埋怨"我几句，吃吃家务的"醋"。"吃醋"成了我们夫妻关系的调剂品，再加上偶尔的打情骂俏，我们的生活变得更加有滋有味了。

吃醋的妙处在于那一点点猜疑的酸劲，醋意在某种程度上显示着爱。没有爱也就不会吃醋，没有醋意的爱情等于没有灵魂的躯壳。倘若看着自己的心上人和别的异性亲近而没有醋意，甚至一点反应都没有，这说明你们之间的爱已消失。恰到好处的醋意可使女人显得更加妩媚可爱，爱情具有排他性和独占性，这正如"卧榻之侧，岂容他人酣睡"。女人在爱情中撒娇、赌气、猜忌、泪水既是爱的伎俩，也是女性情爱美的一道放射异彩的风景线。

为爱加一点醋，在沉醉于相爱的甜蜜的同时，又可以尝到一丝酸涩，这就是爱的独特滋味。因为爱所以才在乎，因为在乎，所以才吃醋。为爱加一点醋，最能灵敏地感受到爱的存在，更能确切地测出爱的程度。只是最好在醋里加入了信任、宽容和甜蜜，用珍惜和挚爱，为自己酿成了一锅香甜浓郁的"美味佳肴"！

凡事都讲究适度原则。为爱加醋一定要适量，而爱情的基石则为男女间的信任。偶有猜疑像轻风一样吹过基石，甚至轻轻晃动几下，当然无碍，但若恰好遇到个善猜疑的对象，结果醋来如山倒，惹得狂风大作，那就不是很好了。若常常打翻醋坛，醋味十足，酸味泛滥，则会冲淡了爱的甜蜜滋味。醋意超过限度就变成嫉妒了，嫉妒心理过强，会给爱情生活带来一种潜在的危险，如果处理不当就会伤害感情，甚至导致爱情关系的破裂。一旦双方共同坠入爱河时，因为总想完全地占有对方，因此处处提防，总怕对方离开自己，背叛自己，动不动便吃那无名之醋，有时到了失去理智的地步，无中生有，蛮横无理而无理取闹。这样的相爱，等于把自己的心变成了一个鸟笼，而把对方当作鸟儿一样的幽囚起来了。殊不知，鸟笼在幽囚鸟儿的同时，也幽囚了自己，只有把笼子打开，才能把心变成一片晴空，既释放了对方，更释放了自己。

吃醋是女人的天性，不让女人吃醋那简直是在扼杀她们的天性，只是要掌握好量，吃醋可以，但却千万不要过量，如果变小小调味的吃醋为喝醋那就可怕了，喝醋，听似豪迈，其实不然。喝醋的女子，一般都有一点自虐倾向。平日里看去温眉顺眼，凡事抿嘴一笑，然而真正认了真，伤了心，就把自己关在房间里，拎一瓶子浓度最高的如醋酸之类，一气灌下去，顺手一掷，摔碎一地玻璃梦。然后把自己放倒床上，任它胃里翻江倒海，水深火热。个中滋味只有她自己知道，遭罪的是她自己。那时不但折了精神还赔了身体，而人家呢，非但不领情还会说你心胸狭窄、小肚鸡肠，到头来岂不是得不偿失？

生活中，聪明的女人应该懂得"理性"地吃醋，所谓"理性"，就是要明白通过吃醋达到什么目的。恰到好处的吃醋会让对方觉得你在意他，反之，就会背离初衷，演变成无休止的争吵。因此，女人吃醋要掌握以下几点：

首先，吃醋要以信任为基础。无中生有，歪曲事实，破坏了信任感，很容易伤害对方的自尊心，结果就会适得其反。

其次，把握吃醋的底线。每个人性格各异，对感情的理解也不一致，可以说"醋量"千差万别。但一般情况下，以下两道底线最好不要越过：第一道是不说"绝对"的话，如"你从来就没爱过我""你是个骗子"等，这等于全盘否定对方，后果自然是激化矛盾；第二道是不提"离婚"二字，动辄以离婚相威胁，就好像那个老喊"狼来了"的小孩一样，时间长了彼此便会失去信任。

第三，不要当着众人的面吃醋，这样很容易将对方置于一种比较尴尬的境地，即使他有心哄你，碍于面子，也不得不摆出男子汉的威风来。你的"醋劲"在他的自尊面前只能败下阵来，何苦自讨没趣？

放下，即快乐 44

很久以前有一个小和尚喜欢站在山坡上看落日，当落日渐渐落下山坡时，小和尚突然大哭了起来。这时，一个老师傅从这里经过，就问小和尚为什么哭，小和尚说："夕阳是如此的美妙，可无论如何都不能把它留住，所以就哭了起来。"老师傅听完哈哈大笑起来。他对小和尚说："明知不能留，为何还要强求呢？"

一个卷入婚恋多年的女子，迟迟不能走出这个其实对她来说已经是苦远多于甜的关系。她说："我忘不了那些他曾经给过我的浪漫、深刻的爱的感觉。"

另一个女人的男朋友感情出轨多次，尽管痛苦她却始终不愿分手，她说："和他在一起这么多年了，要分手，我不甘心！"

其实，对于美丽的东西不一定要占有。只要我们心中时常珍藏着一份美丽，生活就是最美丽的享受。

我们都有过很多梦想，但不是每个梦想都能够实现的，当满怀的希望落空时，生活也似乎变得灰暗了。过分的执着，执着于一个不可能实现的梦想，对于人生其实是一种沉重的负担，一种负面的影响，甚至是一种伤害。明知不能留就不必强求，太勉强总会不尽人意。对于生活中的美好我们要懂得放弃。正如盛开的鲜花为了结出自己的果实，就必须放弃自己美丽的容颜；要想拥有夜晚的皎洁月光，就得放弃白昼可爱的太阳；要想拥有浪漫的雨中漫步，就要放弃晴朗灿烂的天气。放弃了过高的期望，放弃了不可能实现的梦想，脚踏实地，才能活得真实从容，走出真正属于自己的路来，放弃了不可能的结束，才能重新开始。

恋爱中的人都明白，谈情说爱是两个人的事，而且是你情我愿的两个人，正所谓郎有情妹有意，只有两个人两情相悦才能使爱情达到一定境界。

那些苦苦追求于一份不属于自己的感情的人，不但迷失了自己，也徒然地耗费了青春和精力，作出了不必要的牺牲。其实我们走过童年的纯真，少年的快乐，人也渐渐长大。经过失败的打击，经过挫折的坎坷，我们就应该明白：

有些事不能过于强求，有时要懂得放弃。人生如果不懂得放弃不属于自己的东西，就不会珍惜身边的美好，并拥有它，那么结果将可能是一无所有。只要自己适当的选择执着与放弃，不太过于强求，顺其自然，往往不经意间就会找到真正适合自己和属于自己的东西。

一个身心健康的、懂得什么是爱情的人，是不会选择千方百计去追求不属于自己的爱情的。且不说用尽一切可能的方法也不一定能据为己有，就算万一能得逞，和一个已心有所属、同床异梦的人生活在一起，难道比单身更快乐吗？

那些陷在情感的泥淖里不肯自拔的人，不仅是在伤害别人也是在惩罚自己。他们明知道没有交叉点的爱情不会有结果，却也不愿意潇洒地放一放手给对方最好的祝福；到最后承担痛苦的还是自己。其实很多人都明白这个道理，却不愿意去实施，他们宁可相信自己的爱会感动对方，却不肯把这份美丽保留在心中，好好珍惜和享受一些已经拥有的美丽。都说"得不到的东西最美丽"。既然明知不可能得到，又何必为此朝思暮想呢？如果你爱的人不能成为爱你的人，不如面对现实，彻底将其放弃，同时也给自己拥有一个追求新目标的机会。该执着时执着，该放弃时放弃，衡量清楚，知己知彼，才不会太过于委屈自己。就像匆匆地行走在路上，一不小心，认错了人，不必耽搁太久，为此怨恨，甚至报复对方更是毫无道理。收拾起自己的尴尬，尽快调整好心态，继续前行，才是最应该做的。或许人生就是这样：需要分离，需要放弃，有时候执着是一种负担或一种伤害，放弃却是一种美丽。

放弃一份感情，有时的确比开始要难，甚至对于某些人来说是痛苦的；但不要任由无法解决的观念、方式的冲突将爱情腐蚀，日久情深的恋恋不舍的确让人同情，但很多事的结局一开始就已经是注定的，作再多的努力也只是徒费心机。既然如此，我们何不放弃呢？放弃是一种美，放弃爱情也是一种美。尽管其中掺杂了许多无奈伤悲，但有时放弃一段不属于自己的爱情真的是最好的选择。就像歌手阿布唱的：如果两个人的天堂／像是温馨的墙／囚禁你的梦想／幸福是否像是一扇铁窗／候鸟失去了南方／如果你对天空向往／渴望一双翅膀／放手让你飞翔／你的羽翼不该伴随玫瑰／听从凋谢的时光／浪漫如果变成了牵绊／我愿为你选择回到孤单／缠绵如果变成了锁链／抛开诺言／有一种爱叫作放手／为爱放弃天长地久／我的离去若让你拥有所有／让真爱带我走／说分手。

我们都希望可以和自己爱的人长相厮守，我们都希望自己能拥有美满的幸福；然而人生就是这样，不会按照你设想的轨迹去运行；爱情也是如此，不会因为你的投入就得到等量的付出。人生难免空白和遗憾，够成熟的人才懂得该放弃时放弃。生活不是单纯的取与舍，不要斤斤计较失去的，有时失去比得到的更可贵。那些不懂得放弃、不肯放弃的人，永远尝不到快乐的美好。

有一天，一对60多岁的老夫妻竟然去离婚！活了一辈子还是没办法和睦相处，好悲哀呵！要是当时早点放弃就好了，这么多年来心理上经受了那么大的压力！

一个古人在沙漠里得到一张十分美丽的牛皮，他千方百计地想把它制作成最好的皮件，然而无论如何都不能满意，最终他把这张牛皮送给了一个可怜的农夫做皮衣，他解脱了。

两个故事两种人生，是选择继续受煎熬还是尝试解脱的好都在于自己的取舍。只有作出正确的取舍，才能把握命运。

对于爱情、对于人生，有时候我们要学会去放弃一些得不到的东西。只有放弃今天的烦恼，才能迎来明天的美好；或许放弃一段纯真的爱情，放弃一个真心去爱的人，会让你的人生变得黯淡，但是与其为了只有一个人付出的爱痛苦，不如勇敢地去放弃这段旅途。尊重他的爱和选择的权力，默默为他祝福，即使做不成爱人也可以做朋友，或许还会成就一段友谊的佳话。其实，选择一棵树而放弃一片森林，这是另一种珍惜。

当你放弃了对一个人的爱，当你走出了单恋的迷宫；就意味着你的情感生涯有了新的开始，你又获得了重新去爱人和被人爱的权利；你要坚信：一个浪花逝去时，必将引起另一个更加美丽的浪花。

45 花点心机，才能留住人心

　　一些妻子总是抱怨丈夫不爱回家，甚至在外面拈花惹草。那么，男人为什么会有这样的表现呢？一方面是由于男人本身存在问题，而另一方面则是家庭不能给男人以归宿感。试想，男人在繁重的工作之后，家庭既然不能让自己感到更愉快、更放松，甚至回去还会多一些不愉快，他当然不愿意回去，这样还有更多的时间去打理自己的事业。男人不归家的次数多了，夫妻之间的感情也会慢慢地变淡的，不利于夫妻感情的问题也就随之而来——第三者的出现、夫妻感情的崩溃，往往就是这样开始的。当一个好妻子把家变成男人最好的去处的时候，家会变成男人避风的港湾，妻子会成为丈夫的挚爱。

　　其实，花点心思"拴住"自己的丈夫，让丈夫觉得家庭是一个温暖的地方，对于一个妻子来说并不难。因为男人对家庭有一定的责任感，另外家里还有自己的孩子，还有爱自己的妻子，所有家里的这些元素，已经给妻子形成了"拴住"自己的丈夫的基础，剩下的就要看妻子该怎么做了。

1. 努力地营造一份浪漫的氛围

　　浪漫的情调是人们都渴望的，不同的人对浪漫有不同的认识。有的人认为富丽堂皇是浪漫，有的人认为古朴典雅是浪漫，还有的人甚至认为轻松随意才是浪漫。但是浪漫是没有标准的，要根据个人的感受来把握，浪漫的家庭环境是符合夫妻双方期待的环境，这种期待是埋在心底的，所以，妻子在布置家庭环境时，要尽量符合丈夫的情趣。人的情趣是不同的，即便是生活在一起多年的夫妻，各自的喜好也不会完完全全地融合成一体。因此，妻子在营造浪漫的家庭氛围的时候，要揣摩丈夫的心理。

　　李娜看丈夫工作太劳累，一日，做了一桌丰盛的菜肴，又备了一瓶红酒。当丈夫晚上下班看到后，深感家庭的温暖，面对妻子的体贴，十分快乐。

　　这是一个西窗有月的晚上，李娜点起蜡烛，撩开窗帘，让柔柔的月光透过纱窗洒得满桌都是蜜意。于是，月光下的晚餐便充满了浪漫，有烛光、花影，还有月光……夫妻二人享受着这一切，特别是丈夫，他觉得在月光下的妻子更显得美丽，这个时候他一天的劳累也一扫而光，在外面工作虽然有点累，但是在家里他却能感受到一丝丝幸福与浪漫。

2. 用心服侍好你的丈夫

女人费尽心机所营造的家庭环境和家庭气氛，对婚姻的幸福有着极为重要的影响。对于一个专职的家庭主妇来说，一定要懂得为自己培养一些好的习惯。比如，当丈夫在外面忙碌一天，牢骚满腹地回到家时，妻子最好到门口迎接他，回到家时给他倒上饮料、茶水，给丈夫备好洗澡水等。这样，会使丈夫对家有一种温暖的感觉，一天的辛苦与烦恼也会随之烟消云散。和蔼可亲、富有耐心的妻子在丈夫眼里就是一个可爱的天使，她既消除了丈夫的疲惫感，又给枯燥的婚姻生活注入了新的活力。

很多女人觉得这样做会有失男女的平等，不想在丈夫面前唯命是从，因为带着"乞求"的成分"赢得"幸福，迟早会令丈夫感到不舒服。如果把精心照顾丈夫的目的当成防止他发脾气，婚姻也就快走到了尽头。另一方面，丈夫如果总是忙忙碌碌、牢骚满腹，再贤惠的妻子也有忍受不了的时候。妻子如果总是这样做，从某种程度上说，确实又是在纵容男人。但是如果爱人是一个值得为他付出的人，妻子这样做没有任何的不妥。面对妻子的悉心照顾，丈夫反过来对妻子也有关怀，这样，妻子对老公的服侍才会显得更温馨。聪明的女人应该学会摸索出一套适合自己的方式，为自己的幸福做一些努力。

美国的家庭主妇，虽然她们看似个个都十分的高大，但她们都会在丈夫面前做出小鸟依人的样子。她们每天下班和丈夫见面就像久别重逢一样，会热烈地拥抱在一起，然后帮丈夫换上休闲装，再递上一杯咖啡，让自己的丈夫有一种被需要的感觉。在服侍丈夫的同时，她们并不娇惯丈夫，她们往往会使点小聪明给丈夫留点家务活，比如烤箱温度坏了，洗衣机的响声太大，衣服没有叠好等，她们会及时提醒丈夫有做一部分家务的责任。这样能让男人明白：家庭主妇是这个家庭的女主人，不是自己的保姆。

3. 对丈夫适当的放手

人们常说"女人变坏就会有钱，男人有钱就会变坏。"虽然这句话说得有些偏颇，但是它在无形中总会给人一些心理暗示，特别是做事业有成的男人的妻子，她们在潜意识里总会认为自己的老公会变坏，有的妻子甚至疯狂到监视老公行踪的地步。

婷婷和丈夫原来都是教师，前几年丈夫辞职去做生意，没过几年就成了一个大老板。作为"大款"的妻子，婷婷完全可以养尊处优，但她一直没有放弃自己的职业，因为丈夫常只顾忙生意，家里的一切都落在了婷婷的身上。她在教书的同时，还要照顾一个9岁多的女儿，生活很辛苦。

　　有朋友劝婷婷，当老师的月工资还不够丈夫一顿饭，干脆辞职别干了，一心一意相夫教子，多花点心思拴住丈夫的心吧，虽说丈夫目前很忠诚，可说不准以后会花心——有钱的男人总让人放心不下。

　　婷婷听后总是一笑了之，其实她有自己的道理。自己和丈夫从同学到夫妻，彼此都很了解，她相信他。当然更重要的，婷婷对自己有足够的信心，她有能力同时做好老师、母亲和妻子。婷婷每天按自己的节奏生活着，照顾好女儿，教导好学生，打理着家务。丈夫因为要忙生意，有时一个月也难得回来两次。

　　婷婷总是不露声色，极少埋怨丈夫的忙碌，相反，她十分体贴丈夫。她经常提醒他，男人干事业太辛苦，要注意保重身体。丈夫事业顺利时劝他保持清醒，丈夫遭遇挫折时给他鼓励。周围的女人不是埋怨丈夫太窝囊，就是抱怨丈夫太花心，而婷婷这边风景独好，丈夫的事业越来越好，对婷婷依然一往情深，丈夫总是尽可能地去多陪一陪老婆和女儿。朋友都羡慕婷婷的幸福，说她找了一个既有钱又有情的男人。

　　有人说：男人就有如风筝，在天上飞来飞去，家就是风筝的那头。作为妻子，就是要懂得松弛得当，这样既能让风筝高高飞翔，又不至于让风筝失去控制。

　　因此，一个聪明的妻子，应该用点智慧费点心思来经营自己的婚姻，应该学会用自己的贤淑和体贴来俘获丈夫的心，这样才能"拴"住丈夫。

让家变成最温暖的地方 **46**

按照中国人的传统习惯，一个家庭往往是"男主外，女主内"，家给人的感觉往往取决于女主人对家的打理。对夫妻而言，家是他们活动的主要场所，更是他们体验婚姻幸福的主要地方。有时候，家庭环境会直接影响夫妻之间的感情；对于丈夫而言，家是自己避风的港湾，当自己在外面打拼累了的时候，家不仅仅是自己消除疲劳的地方，更是男人心灵的归宿；对于妻子而言，把家装扮得更温馨是自己的一个职责，有时，这更是评价一个妻子是否优秀的标准之一。在很多女人眼里，家便是生命中的全部，因为家里有自己的丈夫和孩子，在通常情况下，除了丈夫和孩子，女人就没有什么显得更重要的东西了。

其实，一个妻子能不能"拴"住丈夫的心，这往往得看她是如何去打理自己的家；一个丈夫在家里能不能感到幸福，往往也会影响到他对妻子的感情。因此，把家变成丈夫的温柔乡，与此同时，也巩固了自己与丈夫之间的感情。那么，妻子到底应该怎样做才能将家变成丈夫的温柔乡呢？

1. 让丈夫觉得待在家里很轻松、舒适

一个男人不管多么喜爱他的工作，在他工作的时间里，总会有某种程度的紧张和劳累。在他回到家里的时候，妻子的温柔体贴，即使一个小小的微笑，一个温暖的怀抱，便会消除这种紧张和劳累，让身心获得一定程度的放松和愉悦。这样，丈夫在第二天的时候就会饱含热情去努力工作了。每个男人在灵魂深处都渴望有这样一个温暖的家，在这里不仅仅有身体上的休养，更有一种心理上的满足，男人从内心深处滋生一种被宠爱着的感觉，对妻子的感情也会日渐加深。

曾经有一个非常讲究的太太，为了让家感到更舒服一些，她不让孩子把朋友带回家，因为他们可能会弄脏干净的地板；她不允许丈夫在家里抽烟，因为窗帘会沾上烟味；如果她的丈夫看完一本书或报纸，她会要求丈夫必须准确地放回原处……孩子和丈夫在家里，稍微一动就会触犯家中的规则，这样的家庭氛围，不用说工作压力大的老公不愿待在家里，就是家里的孩子也

宁愿在外面玩也不愿回家。在美国，家庭主妇因家里的洁净而对家人行为的规范，心理学家把它称为是"家里最严重的精神压迫"。因此，女人在承担家务职责的时候，不要忘记男人对家舒适的要求。

你辛辛苦苦把家布置好，丈夫也许就是一个破坏者。注意，丈夫就是在你布置好的家中得到了享受，并在自己的"破坏"中放松自己。试想，男人在家里就不是想随意一些吗？也只有这样，男人在家里才能谈得上是轻松、舒适，男人把报纸乱丢，可能就是他根本不知道报纸该放在哪里；男人把烟灰弹到地板上，可能就是他不能及时找到烟灰缸……

在男人们看来，随意地翻阅着报纸来读，悠闲地抽着香烟，这就是一种轻松而舒适的生活。如果男人抽一口烟还要晕头转向地去找烟灰缸，看完报纸后不能安然地倒在沙发上小憩，那么他还有什么轻松可言。因此，女人要想让男人在家轻松、舒适，不妨对男人少一些要求，在男人"破坏"之后，再花时间把家整理好。女人在这个时候，不仅仅是在整理家务，更是在巩固夫妻之间的情感。

2. 保持家的整洁

整洁的环境，往往给人一种愉快的感觉，对于劳累了一天的人更是如此。凌乱不堪的环境，往往会增加人的烦躁感，男人就不喜欢待在这样的家里。衣物堆得到处都是，饭碗泡在水槽里，地板满是污迹，甚至床上的被子也没有铺整齐……这些情形让人待着不舒服不说，更能反映女主人糟糕的品性。虽然说现代家庭是"整理家务，人人有责"，但性别的特点及中国人的习惯决定女人应该是家务的主导者，女人安排男人做一些家务，男人不做只是男人的懒惰；同时，虽然很多男人不及女人爱干净，但男人总喜欢可以把家里整理得干干净净的女人。在男人的心目中，女人能把家整理的有条理，保持家的清洁，她就是一个天使，当然，如果能营造一些浪漫的小氛围将会更好一点；女人要是整理不好家，男人就会认为那仅仅只是一个妇人而已，甚至会认为那只是一个粗俗的女人。

因此，把家整理得有秩序，保持家的清洁，一是让女人提高自己在男人心中的地位；二是能让人感到家的舒服。

3. 在家里要保持愉快安详的气氛

在一般情况下，妻子往往承担着营造家庭气氛的主要责任。丈夫在事业上的表现，将会受到妻子所创造的家庭环境影响。任何一个女人，都不想丈夫的身心时刻都被工作占据着，同时，她又希望他在工作上有最好的表现。如果女人能为男人创造一个愉快安详的家庭气氛，那个男人的工作就会更轻松，压力就更小。因为家庭应该是男人事业上的避风港，男人可能整天和对手竞争，当下班以后，他就会渴望着安详、和谐、舒适、温馨……家里保持愉快安详的气氛，能除去男人工作上的不安。这样，男人在家能及时恢复自己的体力，能保护自己工作的激情，在情感上能保持愉快，使他每天早晨都会对工作充满热情。

因此，家里保持愉快安详的气氛，这也是在丈夫的生活中妻子所应尽的一种责任。

"一个不需要多大的地方，一个不需要多么华丽的地方，在自己害怕的时候，在自己受伤的时候，我会想到它……"这首歌道出了无数人对家的渴望。家，它是夫妻二人私密的空间，是一个小窝，一个藏身之所，它更是男人心灵的归宿和生活的港湾。男人让家更有个性，女人让家更加舒适。当一个爱家的女人具有设计的头脑，又有生活的经验，那么这个家将沉淀出生活的意趣，婚姻生活也就鲜活起来了。

（1）乌埃雷说："有些花朵虽美丽却并不芬芳，有些女人虽美丽却并不可爱。"萧伯纳说："只追求容貌的婚姻通常只是一种庸俗的交易。"所以，女人要成为丈夫眼中最美的女人，重要的不是容貌。当美貌引起的吸引力淡去的时候，如果每天面对一个迟钝、笨拙的妻子，男人的生活怎不无聊乏味？

（2）只有建立在了解基础上的爱情才是深刻而持久的。在不断认识对方的过程中也认识了自己。那种快乐肯定不如初恋那么激烈，但一定更深厚、更巨大。

（3）女人的感情较男人脆弱，男人则大大咧咧一些，要男人完全照顾到女人的心思，就像巴尔扎克说的那样："好像要大猩猩去拉小提琴。"女人与丈夫小有摩擦，流点眼泪、说点气话也没什么，因为女人天生多愁善感，稍稍流泪对女人来说不是坏事，或许还是情感宣泄的方法！

（4）要一个女人不为爱情流泪，那会让女人觉得很苦恼的。看看很多女人天天准备好纸巾等着看韩剧，就知道流泪对于女人其实是一种很好的娱乐方式。因此，女人为男人流泪，有时就是她挥发诗意、享受爱情的方式。

47 爱上缺点

哈佛学子詹姆斯曾说："在每一个人的性格上都可以找到一些小小的黑点。"由此可见，每个人的身上都有一些缺点。爱一个人，不但要爱他的优点，更要爱他的缺点。只有这样的爱，才能够经得起岁月的洗礼。

很久以前，有一对人人羡慕的恩爱夫妻，一起走过了50个春秋。50年的时光竟没有让他们的爱情有一丝的褪色，反而是越来越炽烈；那些为家庭矛盾困惑的朋友很是不解，便向他们询问：50多年的相随岁月，如何走过来？她答一个"忍"字；问他呢，他答一个"让"字。

这在追求自我的年轻一代看来，简直不可思议！如此忍让度过一生，人生还有什么幸福？生命还有什么意义？

若再追问，忍字头上一把刀，难呀！她说：一点都不难，凡事多替他想想，不就没怨气了？问他该怎么让？他说：很简单，她喜欢的事，就让她去做，总得给她一片自己的天空。

在他们结婚纪念日的庆典上，来宾请他们发表一下携手半世纪的感想。一向谨言慎行的他，站起来，看着她，慢慢地说："我们结婚时，她19岁，我现在看她，好像还是19岁那时的模样。"他说得那样坦然自在。在他和妻子凝视的目光里，来宾们明白了什么叫50年的爱情。大厅里响起一阵热烈的掌声，久久不息。

这对夫妻很会生活。他们在经历了无数的岁月洗礼后，爱情依然炽烈如火。这是为什么呢？这是因为爱情不仅需要理解，更需要包容。人与人之间尤其是男女之间不可能有严格意义上的彻底沟通。往往似了解非了解而产生一种神秘的情感，就成了爱情。一旦了解了，优点视而不见，缺点一目了然，便会产生许多失望。所以，许多夫妻的幸福秘诀，是爱对方的缺点。一个人身上的优点谁都喜欢，而缺点，尤其是隐秘的缺点，只有爱人知道，并能够容忍，久而久之变成一种习惯，就相互适应了。这种习惯和适应构成了一种深切的别人无法替代的关系。生理、心理上的一种完全的容忍、默契、理解，胜过浪漫的爱。

有一对夫妻吵架，和千千万万的家庭吵架一样，由一个人起头，然后各自数落起了对方的缺点。

男：没见过像你这么蛮不讲理的女人。

女：彼此彼此，我也没见过像你这样粗鲁蛮横的男人。

男：你看看人家某某妈，又能干又体贴，总是把家里收拾得干干净净，哪像你除了在家睡觉，其余时间都在麻将室。

女：你还好意思说我，也不看看某某爸爸，一份工作的工资就是你的两倍，还利用休息时间在外边做兼职。

……

在这种指责和对比下，夫妻双方都不能包容对方的缺点。其实，两个人能够走到一起，除了少数是因为父母家庭的原因，多数人都是自愿的，但是为什么开始的时候能够接纳对方，一起生活了一段时间就开始厌倦了呢？这就是所谓的"距离产生美感"造成的。在现实生活中，夫妻在一起生活的时间长了，就没有了以前的神秘感，各自的缺点在对方眼里暴露无遗，于是，在有些人的眼里，自己的另一半就只剩下缺点，并且时间越久，越会无法忍受对方的缺点。有一个美国专家对结婚超过 3 年的夫妻做了一个调查，得出了这样一组数据：25% 的夫妻说他们还是幸福快乐的，25% 的夫妻则是在婚姻专家或心理医生的辅导下勉强维持，另外 50% 的夫妻则纯粹是在无可奈何的忍受着自己的婚姻生活。这个统计表明，无论多么美满的婚姻都有发生变质的可能，三五年之后，刚结婚时的新鲜感消失殆尽，俊男不再，美女也已变糟糠……这些似乎都是"家花不如野花香的理由"，也是造成很多夫妻亲手摔碎爱情"陶罐"的最大原因。

爱情不像成功成名等，可以通过自己的努力来实现，真爱可遇而不可求，一旦到来之后，又如陶罐般脆弱易碎，并且破碎后就再也没有办法还原。所以，只有懂得包容，懂得好好呵护这只"陶罐"的人，才能将真爱进行到底。

要想真正做到包容并不容易，特别是性格急躁的人，脾气来了就什么都顾不上，别说包容，能够躲过他的一场狂风暴雨就已经算不错的了。所以，要做到包容并不是一件容易的事。但是，世界上的事怕就怕认真二字，只要方法对了，再加上自身的努力，就没有什么是做不到的。

48 得到的就是最好的

有这样一个故事：

古时候有个书生，和未婚妻约定了结婚的时日后，就一心苦读，希望能够考取功名。然而，还未等到书生功成名就，就被告知未婚妻已经另嫁他人。书生受此打击，一时承受不了，便有了轻生的念头，于是他来到一处山崖上。

一位云游四方的僧人刚好路过，一见书生的表情，心里就明白了七八分。于是他走过去问道："施主正为何事烦恼？"书生想僧人虽是方外之人，看样子却也通情达理，就将未婚妻嫁人的事和盘托出。

僧人听罢哈哈大笑道："施主糊涂！"同时从怀里摸出一面镜子叫书生看……

书生探过头去，看到茫茫大海，一名遇害的女子一丝不挂地躺在海滩上。一人路过此地，看一眼，摇摇头，走了。又一人路过，将衣服脱下，给女尸盖上，也走了。再路过一人，过去，挖个坑，小心翼翼地把尸体掩埋了。

看完后，书生不解，僧人解释道，那具海滩上的女尸，是你未婚妻的前世。你是第二个路过的人，曾给过他一件衣服，她今生与你相恋，为的是还你一衣之情。但是她真正应该报答的，应该和他共度一生一世的，是第三个人，因为前世埋她的人是他。书生大悟，终于收回了轻生的念头。

佛教认为：夫妻本是前缘，无缘不合。没有前世甚至前几世积累起来的缘分，今生就不会走到一起，更不会成为夫妻。有首歌也是这样唱的：百年修得同船渡，千年修得共枕眠。可见两个人能够成为夫妻并不是一件容易的事，因为那是千年的修为方才得来的结果，如此看，我们是否该学会珍惜与自己相濡以沫的爱人呢？

"没有得到的，就是最好的。"经常听到人们说这句话。在我们的生活中，很多人都抱有这种心理，他们往往对"失去"的那位加以美化，而把自己身边的这位与"失去"的那位作对比，就会发现身边的这位一无是处，怎么看都不顺眼，而"失去"的那位却完美无缺犹如神仙一般。其实，那完全是人的心理作用，人总是沉醉于自己的幻梦之中。当梦醒的时候，才会发现眼前的才是最好的。

有一个年轻人曾经与一少女相恋多年，那少女活泼、开朗、能歌善舞，是个人见人爱的"黑牡丹"。后来，"黑牡丹"远嫁他乡，而这年轻人也早已为人夫、为人父。只是他觉得妻子这也不顺眼，那也不顺心，与自己心中的"黑牡丹"简直不能同日而语。他的妻子为此常常黯然神伤。后来，索性放开他，让他去异乡看望他的梦中情人。他在三天两夜的火车上，设计种种重逢的浪漫。

当他满怀憧憬地敲开了"黑牡丹"的家门时，开门的竟然是一个腰围大于臀围的黑胖夫人。这就是令他魂牵梦萦的、朝思暮想的"黑牡丹"！

他回到家后，竟突然发觉妻子什么都好，妻子也破涕为笑，从此，两人过得和和美美。

当这位朋友见到自己日思夜想的梦中情人后，他一下子惊醒了：原来自己陶醉在了自我的想象里了。从此，他便对妻子的态度有了改观，看到她什么都好。

很多人总是向往一些不切实际的东西，他们总是努力不懈地追求着自己梦想的东西。可是有一天，他们却发现自己拥有的才是最好的，而自己从来都无视于它的存在。

珍惜自己拥有的，就是珍惜自己的幸福生活，同理，如果感受不到幸福，首先应该在自己的身上找原因，因为，那往往是自己不懂得珍惜造成的。

上帝拿出两个苹果，让一个幸运的男子挑选。然而两个苹果都红润饱满，男子不知该选哪一个，于是问上帝："你有的是苹果，是否可以将两只都送给我？"上帝笑着摇头道："你只能从中选择一个，放弃另外一个。"男子权衡再三，终于下定决心，选了其中的一个。然而，在男子拿着苹果转身离去的那一刻，他又突然的转身对上帝道："我想换你手上的那只。"然而，上帝已经离开。于是，这个男子拥有了一只美丽的苹果，但是，在他的一生中却从未感受到任何幸福，因为在他的心中，惦记着的始终是那只没有得到的苹果。

不懂得珍惜就如同不懂得知足，越是得不到的越认为是最好的，这样的人只会永远生活在得不到的痛苦中，而无法用心去感受已经得到的幸福。

所以，从现在开始学会珍惜，学会把握现有的幸福，学会善待自己的爱人，你会发现生活比你想象的要美好。

49 唠叨是爱情的坟墓

唠叨是爱情的坟墓。但是，很多女人并没有意识到这一点，甚至认为自己的唠叨是对他的爱，以为唠叨可以改变丈夫的缺点。陶乐丝·狄克斯认为："一个男性的婚姻生活是否幸福和他太太的脾气性格息息相关。如果她脾气急躁又唠叨，还没完了地挑剔，那么即便她拥有普天下的其他美德也都等于零。"

苏格拉底的妻子兰西波是出了名的悍妇，为了躲避她，苏格拉底大部分的时间都躲在雅典的树下沉思哲理；法国皇帝拿破仑三世、美国总统亚伯拉罕·林肯都受尽了妻子的唠叨之苦。而恺撒之所以和他的第二任妻子离婚，是因为他实在不能忍受她终日喋喋不休的唠叨。

很多男人在生活中之所以垂头丧气，没有斗志，就是因为他的妻子打击他的每一个想法和希望。她无休止地长吁短叹，为什么丈夫不像别的男人会赚钱？为什么写不出一本畅销书？为什么得不到一个好职位？拥有这样一个妻子，做丈夫的实在泄气。确实，奢侈浪费给家庭带来的不幸远远比不上唠叨和挑剔。

雪丽从大一的时候，就和李林谈起了恋爱，大学刚毕业，他们就喜结连理。按说，他们结束了恋爱马拉松，走进婚姻，应该是幸福的一对。可是，自打结婚以后，雪丽的手中就拿起一把无形的尺子，只要见到丈夫就必须要量一量。丈夫洗衣服时，她会说："你看看，这领子，这袖口，你连衣服都洗不干净，还能干什么？"丈夫做饭，她会说："哎呀，做饭怎么不是咸就是淡，一点谱都没有，让人怎么吃呀？"丈夫做家务，她会说："怎么这么笨，地也擦不干净。"丈夫办事情，她更是牢骚满腹："看你，连话都不会说，让人怎么信任你呢？"诸如此类，家庭噪音不绝于耳。

刚开始的时候，李林常常是黑着脸不吱声，时间久了，他就开始和她顶嘴。他会说："嫌我洗衣服不干净，你自己洗。"然后把衣服往那一扔，摔门而走。他还会说："我做饭没谱，以后你做，我还懒得做呢。"有时候，他也会大发雷霆，和她大吵一通，然后好几天两人谁也不理谁。

过几天，两人又和好了，但是雪丽仍然改不了自己的习惯，仍然会在他做事的时候唠叨不止，日子就这样在吵吵闹闹磕磕绊绊中过了几年。终于有一天，雪丽又在唠叨他碗洗得不干净时，他再也无法忍受，把所有的碗都摔在了地上，大声吼道："你烦不烦，看我不顺眼，干脆离婚算了，看谁顺眼跟谁过去。"

雪丽万万没有想到李林会提到离婚两个字，她顿时泪如雨下："我说你，还不是为了你好？换了别人我还懒得说呢！要离婚，好，现在就离！"结果，李林甩门而去。后来，雪丽在朋友的劝说下，明白了一个道理，那就是自己对丈夫不能太苛刻了。

其实，衣服没有洗干净是常有的事；丈夫不是大厨，偶尔盐放多放少更是小事一件；家务活谁都可能出点纰漏；一个人偶尔说错一两句话也是在所难免。而自己不断的唠叨把这些常人都有的小毛病加以无限地放大，而且还养成了习惯。正是因为她对丈夫的挑剔，才使得丈夫离自己越来越远。

著名的心理学家特曼博士对1500对夫妇做过详细调查。研究表明，在丈夫眼中，唠叨、挑剔是妻子最大的缺点。另外，盖洛普民意测验和詹森性情分析——两个著名的研究机构，它们的研究结果都是相同的，它们发现，任何一种个性都不会像唠叨、挑剔给家庭生活带来巨大的伤害。

纽约的《世界电信》杂志，某期刊登了一件杀人案，一个50多岁的卡车技工，雇用了三名流氓残忍地杀害了自己的妻子。关于他的犯罪原因，据说是因为他的妻子一直不停地唠叨和抱怨。

在烧毁爱情的一切烈火中，吵闹是最可怕的一种，就像被毒蛇咬到，绝无生还之望。你是不是一个爱唠叨的女人呢？问问你的丈夫吧。如果他的答案是肯定的，那么请你静下心来好好地想一想，唠叨到底有什么好处呢？所以，倒不如努力地改掉自己唠叨的习惯，当丈夫犯了"毛病"时，能够温柔地对待他。

那么，具体应该怎么做呢？

1. 不要重复讲话

如果你提醒丈夫三次以上说他曾经答应过要陪你去散步，而他纹丝不动，说明他根本不想去。那么，你就住嘴吧，别再重复，唠叨只会使他下定决心决不屈服。

2. 冷静对待不愉快的事

不愉快的事情是最容易让女人唠叨的，她们总是不厌其烦地诉说着自己的不快。当你的丈夫心情也不好的时候，就不要在他面前唠叨个没完，那样只会引来争吵。想办法控制自己的情绪，或者把坏情绪通过另外的途径排解出去，等到双方都冷静下来时，再把事情拿出来仔细讨论，讨论的时候应该心平气和，保持理智，不能使用过激的语言。

3. 用温和的方式达到目的

"用甜的东西抓苍蝇，要比用酸的东西有效多了"。当你唠叨丈夫不给你买生日礼物的时候，不如向他撒个娇，娇嗔地说："老公，我知道你希望我越来越漂亮，所以，我准备用你钱包里的钱去买一套化妆品作为你送我的生日礼物，你说好不好？"听了这样的话，哪个老公会拒绝呢？

所以，除了唠叨，你完全可以使用一些温和的方法去实现你的目的。

4. 培养自己的幽默感

以幽默的方式对待发生的事情，会让你的心情舒畅。有的妻子催促丈夫到浴室给自己送浴巾，丈夫的动作慢了点或没理睬，她们竟会大动肝火，开始唠叨丈夫不爱自己。

生活中，很多事情是没必要生气的，但是我们常见一些女人为一些不值一提的小事紧绷着脸，把甜蜜的爱情转变成相互指责的怨恨。不如培养自己的幽默感，让你一天都保持心情舒畅。

如果一个女性在刚刚结婚时，就成天唠叨丈夫，你什么时候才能升职加薪，什么时候你才能挣到买一套大房子的钱，什么时候你才能买一辆私家车……那么当她40岁时，一定是一个不可救药、让人生厌的埋怨专家，而她的丈夫也多半会成为一个整天灰着脸的平庸男人。

人们常"人为一口气，佛为一炷香"。面子既不能不要，也不能都要。对于这个问题我们一定要有一个正确的认识。否则，自己为了要面子，而实际上往往是丢了面子，丢了面子是小事，可是为了面子而活受罪则实在是有点不划算了。

清康熙年间，有一位读书人，父母过早去世，单身一人。家距镇上有十来里路。他认为自己是读书人，自恃清高，整天游手好闲，好吃懒做，类似鲁迅先生笔下的孔乙己。读书人每天起床后，就穿着一件多年来未换的长衫，不过比孔乙己的长衫要干净得多，来到镇上喝酒，与别人聊天。这位读书人与孔乙己不一样，孔乙己是一副穷酸相，而他特别爱面子，始终装着一副阔绰相，逢人便吹自己家有多少多少钱，但是，这位"阔绰"的老兄也常常在镇上的酒店欠上几十文钱不等，酒店的账也从未结清过，当然其"合理"的借口多的是。有一天，这位"阔绰"的读书人正在向别人大吹特吹他家如何富有，有多少金银财宝时，被路过的一个小偷听见了。

晚上，小偷就跑到读书人家去偷东西，当撬门进去后才发现读书人家什么东西都没有，除了一张破床外，连一条凳子都没有，四壁透风。"哼，还到处吹阔绰，他妈的比我还穷。"小偷正咕哝着。读书人被家里的声音惊醒了，发现有小偷，而这时小偷也发现了主人已醒，拔腿就朝外跑。

读书人未来得及穿外套，拿起枕头下的一个小袋子就追了出去。小偷发现主人追出来了，就越跑越快，读书人发现小偷跑快了，就咬着牙在后面猛追。这样，一个在前头跑，一个在后头追。过了一段时间后，两人都实在跑不动了。跑在前面的小偷已从跑变成了无力地走，最后竟坐在地上喘着粗气说："主人大哥，饶了我吧！别再追了，我实在跑不动了。"

读书人也上气不接下气地一屁股坐在小偷对面："小偷大哥，求你不要再跑了，我也实在是追不动了。这里我还有一点碎银子，请小偷大哥一定笑纳，如果小偷大哥嫌不够，我改天一定再补上。"说完，读书人忙将一小袋碎银递过去。

　　这时，小偷被弄得丈二和尚摸不着头脑："主人大哥，你这是啥意思？"

　　"没啥意思，只请求小偷大哥帮个忙，千万不要在外面说我家里很穷。"读书人说道。小偷暗自高兴：天底下居然有这种好事让我碰上，也有这样的傻瓜。小偷连忙接过读书人递过来的钱说："没问题，请主人大哥放心，绝对为你保密。"小偷说完，一拍屁股走了。

　　还有这样一个故事：

　　在那遥远的大海的海岸上，曾经有一个水怪被困在那里。

　　这个水怪平时生活在水中，身躯巨大，长着一对鼓眼睛，一口牙齿闪着锋利的白光，浑身披着鳞片，一天就可以游好几千里的路。这还不说，它还可以兴风作浪，当风雨大作的时候，它就可以飞腾起来，直上九霄，非一般的鱼虾可比。

　　可是水怪现在被潮汐冲上岸，困在沙滩里。水怪在陆地上是半步也挪动不了的，再加上它身体过于庞大，尽管它用尽全身的力气挣扎，而且前面又没有高山峻岭、关隘峭壁的阻隔，路也并不远，但它仍然是没有办法回到水中去。可怜这个水怪空有一身本领，却无法施展，连自己都救不了。

　　这时，几只水獭围拢来，见是水怪被困在那里动弹不得，就你一言我一语地嘲笑起他来。有的说："喂，大水怪，你为什么上这里待着来了？你平日的威风都上哪里去了呢？"有的说："水怪啊，原来也有这种落魄的时候啊，真还不如我们水獭，陆地和水里都能自己往来呢。你真是白白浪费了一身好本事啊！"

　　如果是平时，水怪才不把这群微不足道的水獭放在眼里呢，可是现在，它被捆住了，无计可施，只好任意水獭们戏谑嘲弄，心里十分窝火。

　　最后，一只颇有威信的老水獭开了口："水怪啊，你平日里总是看不起我们，完全不考虑我们也有尊严。现在你被困，知道是什么滋味了吧。只要你开口请求我们一句，我们就帮助你回到水中，你要不肯开口，我们可就不管你啦！"水怪自恃清高，不愿丢这个脸，就扭过头去不离它们。

　　过了很久，水獭们又来了，对水怪说："水怪啊，我们就要离开这里了，这是你最后的机会了，你愿意我们帮助你吗？"

　　此时，只要稍稍借助一点外力，水怪的困境就能够解除，可是他无论如何都不肯放下身份，说什么也不要帮助，还打肿脸充胖子说："就算烂死在泥沙里，死得也像个英雄，我自己情愿这样。我可没有乞求别人帮助的习惯，你们用不着管我，爱上哪里去救上哪里去吧。"于是，水獭们走了，其他动物看到这种情形也不愿意理睬它了，免得自讨没趣。水怪就这样一直坚持着它可怜的自尊而被困在沙滩里，谁也不知道他最终是死是活。

其实，接受帮助并不是什么丢脸的事。如果像水怪那样过于清高而又不愿依靠群众，就会孤掌难鸣，就算有再大的本事因为没有用武之地，最后也只会白白浪费掉。

在现实社会中，因为爱面子，也怕没面子，所以有些人总是千方百计地维护自己的面子，而正是在这一过程当中，他们失去了许多更为有价值的东西。"死要面子活受罪"说的就是这种事情。更不可思议的是自己的正当利益受到损害或面临威胁时，有些人却害怕丢面子，不敢站出来据理力争，结果只能看着本应属于自己的那份利益被他人拿走，真是哑巴吃黄连——有苦说不出。

把这些爱面子的现象总结在一起，我们就会发现它们具有一个共同的特征，那就是：在面子与利益的权衡上，采取一种务虚而不务实的态度，把面子放在绝对不可动摇的位置，自动承受由此带来的利益上的巨大损失。很显然，这些人也是平凡人，也是饮食男女，有着种种现实的需要和理想的设计，利益的获取肯定有助于他们改善和提高自己的生活，但是，心理认识上的偏差迫使他们舍利益而保面子，忍受许多常人不会忍受的损失。

总之，从某种程度上来说，爱面子是性格上的缺陷。爱面子常常给人带来一些意想不到的痛苦，为了面子而失去原本的快乐实在是有点得不偿失。

51 相信自己，相信成功

哈佛经济学教授劳伦斯·萨莫斯曾说过："有信心的人，可以化渺小为伟大，化平庸为神奇。"由此可见，自信对于一个人的成功起着何等重要的作用。一个拥有自信的人之所以会心想事成、走向成功，是因为他们都有着巨大无比的潜能等着去开发；消极失败的心态之所以会使人怯弱无能、走向失败，是因为它使人放弃潜能的开发，让潜能在那里沉睡、白白浪费。

我们大家都知道的人大脑拥有 140 亿个脑细胞，但我们思维意识只利用了脑细胞的很少部分，如能将更多的脑细胞从睡眠中激活出来，人的思维意识将更加强大。如果我们都能充满自信，就能创造人间奇迹，亦能创造一个最好的自己。

哈佛大学的心理学教授威廉·詹姆士曾说："只要你对结果非常在乎，几乎必然可以得到。想要富有就富有，想要博学就博学，想成为好人就会变成好人。只要你真心期望这些事。"原来，一个人相信自己是什么，就会是什么。一个人心里怎样想，就会成为怎样的人。我们每一个人心里都有一幅心里蓝图，或是一幅自画像，有人称它为运作结果。倘若你想要做最出色的自己，那么你就会在你内心的荧光屏上看到一个踌躇满志、不断进取、勇于开拓创新的自我。同时还会经常收到我做得很好，我以后还会做得更好之类的信息，这样你注定会成为一个最好的你。

有一个人在高山之巅的鹰巢里，抓到了一只幼鹰，他把幼鹰带回家，养在鸡笼里，这只幼鹰和鸡一起啄食、嬉闹和休息。它以为自己是一只鸡，这只鹰渐渐长大，羽翼丰满了，主人想把它训练成猎鹰，可是由于终日和鸡混在一起，它已经变得和鸡完全一样，它不敢尝试去飞翔，根本不相信自己能飞上天空，也没有了飞的愿望了，主人试了各种办法训练它，都毫无效果。最后主人把它带到山顶上，将它从山上扔了出去，这只鹰非常害怕，像块石头似的直掉下去，慌乱之中它拼命地扑打翅膀，就这样，在逆境中它终于飞了起来！从此这只鹰再也不愿意回到鸡笼，快乐地在天空中翱翔。

鹰为什么能够在天空高飞？是自信给了它笑傲蓝天的力量，是自信让它实现了生命的真正价值。

还有这样一个故事：

在美国，有一个名叫克洛尔的推销员，他胆小，身体差，个子又不高，没有一点儿优势，所以他对自己的将来要求不高。长大后，他当了一名推销员，由于自身原因，他的业绩并不好。每次，他出门的时候，母亲总对他说："克洛尔，当你在为别人做事时，就要全力以赴，如果你不能的话，那就干脆不做。"但克洛尔不是对自己的将来没报什么奢望，只希望不要再比别人差。

有一次，公司经理要他去培训，不然就要开除他。克洛尔沮丧地寻找哪里有培训班。最后他报名参加由梅里尔指导的培训班。一个月后，培训结束，梅里尔找到克洛尔，"你知道吗？我观察了你一个月了，我从未见过这样浪费人才的。"克洛尔很震惊，问为什么。梅里尔说："你很有能力，但是你却把自己的位子定得太低。如果你投入工作，相信自己的能力，总有一天你会成功的，一定会成为一个了不起的人。"

克洛尔太惊讶了。从小到大，除了他母亲，没有别人鼓励过他，现在梅里尔的一席话胜过了他母亲多年前对他的鼓励。其实他并没有从培训中学到什么特殊的技巧，只记住了老师的这番话。后来，对生活他不再满足于现状，他相信他的能力足以让他成为一个有名的人物，他相信自己一定会成功的。他经常用成功者的头脑思考，用成功者的心态面对生活。两年后，他成了全美最年轻的地区主管人。

自信心对于一个人的成功起着极其重要的推动作用。许多积极主动的人因为自信心的毁灭而变得消极被动起来。慢慢地，他们就会对自己失去了信心。也许这开始于他们向别人暗示他们无能，也许这开始于他们认为自己不能取得成就想法，或者这开始于他们认为自己不能胜任他们的本职工作的想法。很快，由于这种微妙的心理暗示作用，他们的创新精神遭到极大的打击，他们就不再像以前一样充满满腔的热情、劲头十足地去从事任何事情了。他们就逐渐失去了大刀阔斧、雷厉风行的果断行事的能力，他们很快就会对处理一些重大事情变得畏首畏尾，不敢作出决定。他们的思想很快就会变得动摇起来。因而他们就不会像以前一样成为领导者，而变成为追随者。

相信自己能够成功，那么你自己就一定会取得成功，这就是人的意识和潜意识在起作用。

人的心灵有两个主要部分，就是意识和潜意识。当意识起决定作用时，潜意识则做好所有的准备。换句话说，意识决定"做什么"，而潜意识便将"如何做"整理出来。意识好像冰山付出水平线的一角，而潜意识就是埋藏在水平线下面很深的部分。有人用科学术语比喻：人体的神经子系统特别是大脑，就相当于电脑的"硬件"，意识就是这部无比精密的电脑的"操作者"，潜意识就等于电脑的"软件"。通过这些生动的比喻，你能够明白意识和潜意识的关系和奥秘。

一个人如果下定决心做成某件事，那么他就会凭借意识的驱动和潜意识的力量，跨域前进道路上的重重障碍，成功也就有了保障。

一个人想着成功，就有可能成功；想着失败，就会失败。一个人期望的多，获得的也多；期望的少，获得的也少。成功是产生在那些有成功意识的人身上的，失败则是源于那些不自觉地让自己产生失败意识的人身上的。

自信是成功的前提，你拥有自信，就拥有成功的一半机会。相信自己是最棒的，你就一定会是最棒的。

患得患失，失去的是机遇 52

在我们身边的很多人都有患得患失的毛病，这种毛病的直接伤害对象往往不是别人，而是自己。为什么呢？这种毛病使我们该下决断时迟疑不定，因而错过机会；使我们做事时因紧张不安而出现不该有的失误，遭遇意外的失败。

兵法说："三军之灾，起于狐疑。"既担心这个，又担心那个，进攻怕敌人抄了后路，防守怕敌人断了粮路，后退又怕中了埋伏，既想这样，又想那样，迟疑不定，即使能打赢的仗也会打成败仗的。

在生活中也是这样，很多事情之所以失败，并不是能力不足、条件不够、机遇不好，而是患得患失，以至心态失常、行动走样，正常的能力发挥不出来。

一天，父亲和儿子想到了一个捕捉小鸟的好办法。他们把箱子制成一个有进无出的陷阱，一旦鸟儿进去了，只要把进口堵上，就难以逃出来。父亲抓来一把小米，从箱子外面一路撒下去，一直撒到箱子里面，然后他在箱子盖上系了一个绳子，手里攥着绳子的一头，和儿子躲起来等着鸟儿的到来。

一会儿，就聚集了一群小鸟儿。儿子数数，共有 10 只。父子俩眼看着有 3 只鸟儿进入箱里了。儿子要父亲盖箱盖，父亲没有动。

有 6 只又进来了，父亲还是没有行动。有 8 只了，儿子急了，而父亲盯着外面的 2 只，告诉儿子，如果这 2 只进去，他就拉动绳子，放下箱盖。

父亲正说着时，忽见一只鸟儿溜了出来，他懊悔想刚才应该收绳子，如果再进去一只，我就关箱门。他对儿子说。说着时，又有两只鸟儿出来了。他又说，如果再进去 2 只。可就在他说话之时，又跑出 3 只。儿子望着箱子里那 2 只鸟儿发呆，而父亲不甘心就这 2 只，他继续对儿子说：如果再进去 2 只，不，哪怕是 1 只，我就放下箱盖。可是等到最后，箱子里的鸟儿全都跑了出去。

这是患得患失带来的后果。试想一下，如果父亲早点盖上箱盖还会是这么一个结局吗？人，很多时候都是在犹豫不决中失去了成功的机会的。

还有这样一个故事：

夏朝的后羿，是天下闻名的神箭手——这个后羿不是神话中射掉九个太阳的人，而是一个诸侯国的国君。他有一身百步穿杨的好本领，无论立射、跪射、骑射，百发百中，从不失手。

夏王听人说起他的事迹，就把他招来，命人在御花园立起一个兽皮箭靶，靶心约一寸见方，然后说："请先生展示一下精湛的本领。为了使这次表演不至于因为没有彩头而沉闷乏味，我来给你定个赏罚规则：如果射中，我就赏赐给你黄金万两；如果射不中，就要削减你一千户封地。现在请先生开始吧！"

后羿听后，面色顿时变得凝重起来。他慢慢取出一支箭，搭上弓弦，摆好姿势，谨慎地瞄准起来。如果是平时，他信手一箭，也能射中靶心，可是，想到这一箭射出，要么得到黄金万两，要么失去千户封地，关系何等重大，心情顿时紧张起来，拉弓的手也微微发抖。他瞄了很久，几次想把箭射出去，又收回来，继续瞄准。后来终于下定决心，松开了弦，箭应声而出，却射在离靶心足有几寸远的地方。就这样，射了好几次都没有一射中靶心。

后羿无奈，满面羞愧地收拾起弓箭，勉强赔笑着向夏王告辞，悻悻地离开了王宫。对这一结果，夏王既感失望，又心存疑惑，就问手下："听说此人箭技通神，发必中的，今天看来，也平常得很，难道是浪得虚名？"

一位大臣解释说："后羿平日射箭，因为没有赌注的压力，心情放松，水平自然可以正常发挥。可是今天他射箭的成绩直接关系到他的切身利益，叫他怎能静下心来呢？看来一个人只有真正把得失置之度外，才能成为当之无愧的神箭手啊！"

后羿不是常人，他在得失面前也难免发挥失常，何况一般人呢？要想避免患得患失的危害，就要努力培养平常心，使自己达到"八风吹不动"的佛家境界，或者达到兵家"泰山崩于前而色不变"的境界，就能把自己的能力发挥到极致了。韩国围棋天才李昌镐就是一个这样的人，无论多么重要的对局，他都能保持一颗平常心，好像没有什么事能扰乱他的心神一样，因而被誉为"石佛"。有此定力，难怪他成为世界围棋第一人。

那么，到底怎样做才能够保持一颗平常心呢？最好不把得失放在心上。但这很难做到。有没有比较容易做到的呢？以下四个方法值得一试：

1. 身体调节法

当你感到紧张时，进行深呼吸，直至心情平静下来。人在紧张时，大脑缺氧，指挥失灵，很容易失误，进行深呼吸，可给大脑充氧，有利于保持冷静。还可以用手掐自己的皮肉，疼痛感能分散注意力，可以暂时摆脱担心或渴望的事，有利于恢复平静。

2. 坦陈恐惧法

如果在他人面前感到紧张，不妨主动说出来："我现在感到很紧张，我怕会说不好。"或者："我很紧张，做得不好请别见笑。"当你说出自己的紧张时，你会发现，紧张感很快就消失无踪了。

3. 自我鼓劲法

当你担心做不好或说不好时，就在心里暗暗给自己打气："怕什么，车到山前必有路。""我一定能行。"等等。当你这样说时，勇气会渐渐充满全身。

4. 破罐破摔法

先设想最坏结果，然后对它表示轻视。比如电影里经常有人说："怕什么！大不了一死。""怕什么！掉了脑袋不过碗大的疤，二十年后又是一条好汉。"说这种话的人，并非真的无所畏惧，更不是对生死无所谓，其目的是平息紧张心情。

我们平时一般不会面临生死考验，大不了丢人、赔钱或输球之类。运用此法时，就可以说："怕什么！大不了让大家笑我，反正不会笑死我。""怕什么！大不了赔个精光，重新再来。""怕什么！大不了这次输了，我下次再赢他。"当你对最坏结果表示轻视时，勇气就滋生了。丘吉尔说："勇气使危险减半。"当一个人滋生出勇气时，最坏的结果通常不会发生。

53 心胸狭窄的悲哀

"遥想公瑾当年，小乔初嫁了。雄姿英发，羽扇纶巾，谈笑间，樯橹灰飞烟灭。"大文豪苏东坡在《念奴娇·赤壁怀古》中，热情地歌颂了三国时期的军事家周瑜。在历史记载中，周瑜智勇双全，指挥有方，同时胸怀开阔，雅量高致。但是在《三国演义》中，周瑜却被刻画成了一个"心胸狭窄""嫉贤妒能"的生动典型。

《三国演义》中的周瑜"资质风流，仪容秀丽"，是统领江东八十一州军马的都督。在赤壁大战中，他巧施离间计、苦肉计、诈降计、火攻计，大破曹兵。但他却对智谋超过他的诸葛亮心存嫉妒，常怀谋害之意。诸葛亮为他草船借箭，借东风，有功无罪。而在面临大决战时，周瑜却派大将分水旱两路，速奔南屏山，"休问长短，拿住诸葛亮便行斩首，将首级来请功"。幸亏诸葛亮早有防备，赵云按时来接，才幸免此难。随后，周瑜为了夺荆州，灭刘备，杀孔明，三番五次设计，但都被识破，落了个"周郎妙计安天下，赔了夫人又折兵"。最后，他施"假途灭虢"之计，也未得逞。遭受"三气"之后，他怒气填胸，箭疮迸裂，坠于马下。被救回船后，他看了诸葛亮的来信，又气得昏厥。苏醒后仰天长叹："既生瑜，何生亮！"连叫数声而亡，年仅三十六岁。

一个活生生的人能被气死吗？祖国医学早就提出"百病皆生于气"，民间也有"气是惹祸的根苗，怒是伤身的毒药"的说法。现代医学研究证明，生气对于人的中枢神经系统、血液循环系统、消化系统、内分泌系统等，都会产生危害。因为生气会使人的情绪处于紧张状态，造成皮质类固醇分泌增多，致使体力消耗增加，免疫力下降。因为生气而导致血压升高、胃肠疾患、肝脏不适、精神伤害、心肌梗死者屡见不鲜。还有资料显示，各种严重疾病中，有 70% 左右与生气有关，生气也是癌症的诱发因素之一。

那么，到底应该怎样做才能避免心胸狭窄、容易生气造成的恶果呢？

1. 要跳出"我"的狭小圈子
心胸狭窄，患得患失的人，凡事总是以我为中心，把个人得失看得很重。

要改掉这个毛病，就必须跳出"我"的小圈子，去掉一些私心，减少一些计较，这样时间久了，心胸就会慢慢开阔起来。例如，有些老年人为自己在退休前未能加上工资、评上职称、分上房子而整天闷闷不乐，感到委屈、压抑、愤怒。其实，一个单位加工资、评职称、分房子，情况相当复杂，有的是受现行政策规定的限制，有的是受名额的限制。如果我们能多从国家、集体、他人的利益方面想想，那么个人的一点损失就不算什么了。

2. 要学得宽容些

严以律己，宽以待人，凡事多为他人着想，多为他人排忧解难，对他人的过失给予更多的理解和体谅，这样我们就能从生活中获得许多安慰和快乐，取得他人的尊敬。相反，为一点小事斤斤计较，横眉冷对，怒目相视，不能谦让。那么，我们就会活御很累，自寻许多烦恼。

3. 要学会适当地放弃和牺牲

生活中的事情不可能都合理，心甘情愿地为某些事做些牺牲，放弃一些要求，不仅是应该的，而且也是需要的。高尔基说得好：给予永远比索取要好。牺牲一点，放弃一点，并不影响你什么，但却可以换来和平与宁静，得到他人的理解与尊重，自己的心灵也会田为付出而感到满足和充实。

54 搬开拖延的绊脚石

拖延的习惯，可以把自己拖垮；拖延的习惯，只能让别人领先；拖延的习惯，是时间管理中的最重要的罪恶。

相信很多人都经历过这样的事情，清晨，闹钟把你从睡梦中惊醒，你想着自己所订的计划，同时却留恋着被窝里的温暖。一边不断地对自己说：该起床了，一边又不断地给自己寻找借口——再等一会儿。于是，在犹犹豫豫之中，又躺了 5 分钟，甚至是 10 分钟。

拖延经常出现在我们的生活中。如果哪天你把一天的时间记录一下，会惊讶地发现，"拖延"花掉了我们很多时间失去了许多机会。

一个求职者在填写应聘书时，在工作的种类上犹豫起来，于是他回家准备考虑一下再作决定。第二天他又去了这家公司，可是这家公司的人事部负责人对他说："对不起下一次再说吧！"就这样，这位求职者在犹豫中失去了一次很好的工作机会。

拖延给幻想者留下惆怅，行动给创造者带来幸福。要知道，你等得越久，情况就越糟糕。

一位国王做事喜欢拖延。又一次他收到一封潜伏在敌国的间谍发回来的情报。他没有把情报拆开，而是随手放在了餐桌上，心想："明天再处理吧！"第二天，在吃早餐的时候他看见了那封紧急情报，仍然觉得没有什么大不了的事，等会再说，于是先让侍臣为他斟上了一杯香醇的美酒。喝完之后，他才慢慢拆开信封。看完信，他立刻跳了起来。原来上面说：国王的侍臣中有间谍，他接到毒杀国王的命令。国王想召集侍卫，可是已经太晚了，鲜血从他的嘴角流下来，他刚才喝的正是那杯毒酒。

只不过把事情拖了一个晚上，国王就付出了生命的代价。试想一下，如果当时他能够立即采取行动的话，那么情况就完全不一样了。生活中许多人都有拖延的习惯，由于这种习惯，他们可能出门误车上班迟到，或者可能失去更好的改变他们整个生活进程的良机。所以无论什么情况下，如果你想做什么事情的话，那就马上开始行动，千万不要拖延。我们应该戒掉拖延的习惯，要不断提醒自己"立即行动"，因为只有这样，你才能抓住宝贵的时机，成为你想成为的人。

哥伦布还在求学时，偶然读到一本关于毕达哥拉斯的著作，从而知道地球是圆的，他就牢记在脑子里。经过很长时间的思索和研究后，他大胆地提出，如果地球真是圆的，他便可以经过极短的路程而到达印度了。当时，很多学识渊博的大学教授和哲学家们都耻笑他的想法，并告诉哥伦布：地球是平的，而不是圆的，然后又极其郑重地警告道：如果哥伦布一直向东航行，他的船队将会航行到地球的边缘而掉下去，这无异于自寻死路。

然而，哥伦布对这个想法很有自信，只可惜他家境贫寒，没有钱让他实现这个冒险的理想，他想从别人那儿得到一点钱，助他成大事，他一连空等了 17 年。他决定不再等下去，于是启程去见皇后伊莎贝露，沿途穷得竟以乞讨糊口。精诚所至，金石为开。伊莎贝露女皇赞叹哥伦布的勇气和毅力，并答应赐给他船只，以让他去从事这份冒险的事业。

可事情并不那么顺利，因为那些水手们怕死，没人愿意跟随他去。但哥伦布并未气馁，他鼓起勇气，跑到海滨，捉住了几个水手，先是请求他们，接着是劝告，再后来动用恫吓的手段逼迫水手们随他远航出征。另一方面他又请求女皇释放狱中的死囚，允许他们一旦冒险成功，就可以免罪，继而恢复自由之身。一切准备就绪。公元 1492 年 8 月，哥伦布率领三艘帆船，开始了一个划时代的航行。航行几天，就有两艘船破了，接着又在几百平方公里的海藻中陷入了进退两难的险境。他亲自拨开海藻，才得以继续航行。

在浩瀚无垠的大西洋中航行了六七十天，也不见大陆的踪影，水手们都失望了，他们要求返航，哥伦布兼用鼓励和高压两种手段，总算说服了船员。

也许是天无绝人之路，在继续航行中，哥伦布忽然看见有一群飞鸟向西南方向飞去，他立即命令船队改变航向，紧跟这群飞鸟。因为他知道海鸟总是飞向有食物和适于它们生活的地方，所以他预料到附近可能会出现陆地！如此一来，哥伦布，果然很快发现了美洲新大陆，开创了西方社会又一个新纪元！

可以想象，如果哥伦布只是一味地等下去，必然会一生蹉跎，"空悲切，白了少年头"，美洲大陆的发现者就可能改换他人了。哥伦布最终成了英雄，从美洲带回了大量黄金珠宝，并得到了国王的奖赏，以新大陆的发现者而名垂千古，这一切都是行动的结果。

在这个纷繁复杂的世界上，没有别的什么习惯，比拖延更为有害；更没有别的什么习惯，比拖延更能使人懈怠，减弱人们做事的能力。

人应该极力避免养成拖延的恶习。受到拖延引诱的时候，要振作精神去做，绝不要去做最容易的，而要去做最艰难的，并且坚持做下去。这样，自然就会克服拖延的恶习。拖延往往是最可怕的敌人，它是时间的窃贼，他还会损坏人的品格，败坏好的机会，掠夺人的自由，使人成为他的奴隶。

哈佛教授说："只要你想干某件事情，就要从现在开始努力。"

我们要改掉拖延的习惯，唯一的办法就是立即行动。立即行动！这是成大事者的习惯。只有立即行动才能将人们从拖延的恶习中拯救出来。

凡是决定去做的事，不应拖延着不去做。如果你一心想着留待将来去做，你注定是人生角斗场上的弱者。凡是有力量，有成功经历的人，总是那些在目标确定后就满腔热忱地去做的人。

学会忍耐 55

在社会上行走，"忍"字很重要。一个人不可能在任何时间，任何场合下都事事如意，有些事情怎么也无法解决，所以你只能忍耐。动辄出气的人虽可以解决一时的心理压力，但从长远看来，对他是有百害而无一利的。

人的一生中会遇到很多问题，如果能忍一忍，并学会控制自己的情绪和心志，以后即使碰到再大的问题，自然也能忍受，也自然能忍到最好的时机再把问题解决，这样才是明智之举。

当然，能忍之人不同于我们经常所说的"窝囊废"。人要有正气，碰到公正有理之事，需据理力争，一正压邪，更不能丧失一个人的性格。也就是说，忍也要看忍耐的对象和范围和忍的程度。大事忍，小事也忍，无理时忍，有理时也忍，这就真是一个"窝囊废"了。

罗素说："希望是坚韧的拐杖，忍耐是旅行袋，携带他们，可以踏上永恒之旅。"成功是由许多忍耐的组成的。成功之人的特征之一，就是比平常人更会忍耐，小不忍则乱大谋。忍耐需要勇气，更需要信念和力量。忍耐是成功的必备要素。

苏轼在《留侯论》中说："古之所谓豪杰之士者，必有过人之节，人情所不能忍者。匹夫见辱，剑拔而起，挺身而斗，此不足为勇也。天下走大勇者，卒然临之而不惊，无故加之而不怒，此其有所挟者甚大，而其志甚远也。"

曼德拉早年因领导反对白人种族隔离政策而被捕入狱，白人统治者把他关在荒凉的大西洋小岛罗本岛上长达 27 年。在这 27 年里，他一直被关在总集中营一个"锌皮房"里，囚室很小，只有一般的卫生间大小，但他居然没有精神崩溃，依然斗志昂扬，实在是让常人惊骇不已！曼德拉后来向朋友们解释说，自己年轻使性子很急，脾气暴躁，正式在狱中学会了控制情绪才活了下来。他的牢狱岁月给了他时间与激励，使他学会了忍耐，学会了如何处理自己遭遇苦难的痛苦。他靠的正是那股耐劲儿，善于忍耐，蓄精养锐，才苦撑过了狱中那段艰难漫长的岁月，最终在出狱后当选南非总统，为南非的民族解放事业做出了积极贡献。

由此可见，当一个人遭遇坎坷和身陷困境的时候，他只有学会忍耐，善于忍耐，才能顺利度过人生的冰冻期，从而实现自己的理想和目标。

历史上最有名的能"忍"之例就是韩信忍受的胯下之辱，当时韩信落魄潦倒，无心也无力与恶少相争，只好忍辱从恶少胯下爬过。孙膑忍庞涓之辱也在历史上很有名，装疯卖傻，就怕庞涓把他杀了。这二位忍受大辱，其结果如何？韩信留下有用之身，终于成为大将，如果他当时斗气，恐怕要被恶少打死了；孙膑保住一命，终于收拾了庞涓！如果他当时不能忍，早就没命了。还有越王勾践，卧薪尝胆 20 年，为的就是将来东山再起。

韩信也好，孙膑也好，越王勾践也好，都是"忍一时之气，争千秋之利"，这一点值得当今那些年轻气盛者好好学习一番。

有人认为和颜悦色，忍让无争，宽恕容忍，与从不恶言厉色，就是十足的懦夫行径，殊不知这样的人才是真正具有大智、大仁、大勇的人物。有人更以为凡事忍耐，含垢受辱，承认过错及接受责罚是懦夫，事实上，在衡量自身条件尚无绝对把握时，暂时的忍辱负重是必要的。而死不认错，往往是怕负责任，才是真正的懦夫。

"一忍可以当百勇，一静，可以制百动。"一个人胸怀坦荡磊落，能无所不包，无所不容，那就无事不成，无功不可就了。古代所谓的豪杰人物，都有超过常人的修养，更有着一般人所不能忍的功夫。心字头上一把刀谓之忍，你若挨得过这把刀，寸寸心血会教你成功。"必有容，德乃大；必有忍事乃济。"能包容一切，方能接受一切，忍耐一切，然后必能改变一切，克服一切。所谓大肚能容，逆来顺受，并不是天生的窝囊废，相反的，他正是一个成大事立大业的强者。

生活中常有这样那样的不如意事，不可能光靠几张嘴或动刀动枪就能解决所有矛盾。因此，我们应该学会忍让。"三顾茅庐"的故事家喻户晓。张飞欲绑诸葛亮回营，试想倘若没有刘备劝他忍住，哪里会有蜀国的大好河山？哪里会有三国鼎立吗？古人是这样，而现在的社会似乎是退步了。同学会因小纷争而大打出手；人们时常为了一点小利把邻居告上法庭；同事会因谁能升职而钩心斗角——最后的结果呢？往往是两败俱伤。

不只是要忍，还要知道怎么忍，什么时候该忍，什么时候不能忍。某些事或人，总会有让人不顺心的地方，而这些地方又往往是无法改变的。这时便需要忍让。比如有些事是你非做不可，却又不是本身愿意的，或有些人顽固地和你争，而他已明显的错误时，在关系到自己的尊严和人格时，是不能忍让的。晏子使楚便是一个好的典故。晏子靠自己的机智和勇敢维护了自己的尊严。由此看来，不论是忍让或不忍让，都要有智慧的体现。

　　生活需要忍让，学会忍让方便了别人，同时也方便了自己。忍让是一种谦虚的美德，是强者才具有的精神品质，是智者的胸怀；忍让更是一种思想，一种境界。明白了忍让的益处，便获得了一笔人生最宝贵的财富。

56 让快乐成为一种工作习惯

美国哈佛大学曾做了一个有趣的心理调查，发现许多人都把工作看作是苦差事，尤其是干自己不喜欢的工作，更近乎是一种折磨。但这些人最后却发现，一旦没有任何事情可做的时候，你不仅不能感受到愉悦，反而会感到更加痛苦。

英国作家巴克莱说："幸福有三个不可或缺的因素有：一是有希望，二是有事做，三是有人爱。"有事做不是造成不幸的因素，而是使我们幸福的一个不可或缺的要素。当一个人全身心地沉浸在自己所热爱的工作中时，就会感到前所未有的兴奋与满足，这就是一种幸福。牛顿、爱因斯坦、居里夫人，这些伟大的科学家们一投入工作就体会到创造的乐趣，这是一种莫大的享受。

快乐工作并不排斥职场奋斗，我们相信马登进讲过的那句名言："上帝总会保佑那些习惯于每天早上七点起床的人。"在奋斗的历程中，只要你能做到乐在其中，快乐就是一个长长的过程，而成功仅仅是跨越的这一刻。快乐工作倡导的是，哪怕身处艰难与困苦之中，也要苦中作乐，激励前行，不忘享受过程。

不管你出于何种职业生涯阶段，你仍然可以继续心怀梦想，朝着既定目标奋斗；况且，无论是成功的职业生涯，还是平凡的职业生涯，都可以快乐或不快乐，关键是你工作着，是否快乐着！

曾经有一个人是运送货物的，每次他都是将货物装在一辆车上，让马匹拉来，有一天，这个人将货物装在了两辆马车上，让两匹马分别拉一辆车。

在行进的路上，刚开始，两匹马的距离一样，但是渐渐的有一匹马落到了后面，并且是走走停停，无精打采的样子，好像非常的疲劳。于是这个人便把后面那一辆车上的货物都放到了前面那一辆马车上，当后面的那匹马看到自己车上的货物都搬完了时，便开始高高兴兴地向前走了。当走到前面那匹马的面前时，就对前面那匹马说道："真是辛苦你了，流汗了吧！你越是努力的干，主人越是想方设法地折磨你。"

前面的那匹马面对对方的嘲笑，没有言语，只是任劳任怨地向前行进着，当他们到达目的地时，有人就对这个送货的人说道："既然一匹马就可以将事情办好，你何必要养两匹马呢？何不将另外的一匹宰了，还可以落一张马皮呢！"这个听听，觉得对方讲得有理，于是真的照着对方所说的做了。

工作是件非常快乐的事情，在工作中能够将自己的价值体现出来，在工作中能够寻找到生命的真正价值。如果，你认为自己的工作是件非常乏味的事情，是一种苦役，对此斤斤计较，那么，在你的内心世界里就会产生一种抵触的心理，这终究会导致你的失败，对自己是非常不利的。在工作上，倘若你一味地抱怨，做事消极，对工作和人也是斤斤计较，把工作当成是一种苦役，那么，你就会失去对工作的热忱，自身的创造力也很难发挥出来，更不用说会有什么样的卓越成就。

有三个砌墙工人在砌墙，有人看到了，问其中一个工人，说："你在做什么？"这个工人没好气地说："没看见吗？我在砌墙！"于是他转身问第二个人："你在做什么呢？"第二个人说："我在建一幢漂亮的大楼！"这个人又问第三个人，第三人嘴里哼着小调，欢快地说，"我在建一座美丽地城市。"

第三个工人的工作态度着实令人佩服。如果都像第一个人，愁苦地面对自己的工作，那么再好的工作也不会有什么大的成效；而同样平凡的工作，一样的看似简单重复，枯燥乏味，有人却能以快乐的心情面对，在平凡中感知不平凡，在简单中构筑自己的梦想，此时你就会发现在这个世界上没有什么困难是不能克服的。

在快乐中工作，以积极地心态去面对平凡的工作，用感恩的心去对待自己身处的环境，哪怕你现在只拥有一个砌墙铲，你也要感谢命运——原来它是上帝有意送来的。用心体味人生，在简单中自然会创造出辉煌的成就，第三位砌墙工人用自己的行动证明了这一真理。

快乐其实是一种习惯，不管环境怎么变化，我们的快乐决心不会改变的。当我们能换一种心态去看待自己的工作，便会发觉自己的内在能量强大许多，抗压应变的功力也因此大为增进，而这也正是贯彻快乐决心的漂亮做法。

那么，具体应该怎样做才能够让快乐成为一种工作习惯。

一是要学会自我陶醉，找出一切理由来庆祝胜利，从自我肯定之中获得工作的快乐；当然，自我陶醉并不意味着可以懈怠放松和不思进取。

二是要经常肯定别人的成绩，当你肯定别人成绩的同时，别人也会肯定你的成绩，肯定别人的成绩及被别人肯定也是能够获得最大快乐的。有研究表明，当职业女性在工作中受到男士的赞扬或者合适的恭维之后，她的工作积极性和工作效率会马上提高平均大约 19 个百分点。同样，当男性白领被其美女上司赞扬之后，经常也会做出工作中的"超常发挥"乃至于"英雄之举"。

三是要学会放松。工作中的幸福感水准的高低也取决于工作以外的家庭生活和社会生活中所获得的可用来舒缓工作强度的那种快乐情绪的储蓄量的大小。因此，心理放松的程度越大，工作中的紧张度、枯燥度和劳累度应当越小。这就好比弹簧，放松的程度越大，它可用来应付紧缩压力的余地也越大。但是，放松也不能松过头了，否则弹簧就变成了一根直线，懒散到架子都散掉了，俗话说：这个人就"废"掉了。

取悦你的老板 **57**

老板是公司中的灵魂人物，一方面他手握大权；另一方面他又把握着每位员工在公司里的前途。

老板对于员工的表现和态度非常敏感。作为下属，你不可把老板看得太低，也不要对他有过高的期望。因为前一种做法有可能会使你的前途成为定局，不可能在公司中获得升迁和加薪，而后一种做法有可能使你对老板大失所望。

为了达到升职加薪的目的，你首先要做的就是使自己的一切行为尽量符合老板的利益，这是至关重要的，否则，你就会使老板感到厌恶，他绝不会对你有什么好印象。

那么，怎样做才能够取悦于老板，赢得老板的欢心呢？

1. 上班要尽量早一点

也许自己所在的单位，对迟到考勤方面没有什么特别的要求，但我们决不能随便地放松自己，每天不是迟到或者就是早退，并总认为没人注意到自己的出勤情况，或者认为单位对这方面没有严格要求等。其实不然，您在公司的一举一动，上司可全都是睁大眼睛在瞧着呢！如果您每次上班总能提前几分钟到公司，您的上司就会认为您非常重视这份工作。

2. 不在工作时聊天

新工作需要高度集中的注意力，尝试多花些时间与同事合作，把私人事务暂时搁置吧。尤其忌讳工作中的闲聊，它不但会影响你个人的工作进度，也会影响其他同事的工作情绪，招来上司的责备。注意了这些，你就能树立起一个专业人员的形象，你的整个职业生涯的发展将受益匪浅。

3. 不要和老板争吵

在工作中，与老板难免会有一些误会，但不要因这个误会引起你和自己的老板争吵，因为同老板打交道有一条至关重要的准则——永远不要坚持一场不能获胜的战争。如果与老板的确发生一些冲突，这时你应该记住的是：讲究方法，除了注意时机、澄清问题、提出方法以外，更值得一用的是"站在上司的角度思考问题"：如果你自己此刻站在上司法的位置上，你会怎么处理这件事，多设身处地为上司法想想，改变一下自己的思维方式。长久，上司也会从你的转变中看到你的成长，而愿意跟你一起共事并实现你的目标了。

4. 别把自己捧得太高

为了突出个人才能和潜质，在老板面前有意无意地自夸几句，这样做会适得其反，让老板对你失去安全感。老板有三拍：一怕你吃里爬外，太过醒目易被其他公司利诱；二拍你在公司中有太大的影响力，对其他同事会起到煽动作用；三怕你油头滑脑、练精学懒。有了这三拍，老板必然怕自己的利益受到损害，从而对你产生警惕和戒备的心理。而应当谦虚谨慎，戒骄戒躁，使老板自己去感觉和发现你的才能。

5. 不要把钱看得太重，也不能不把财当作无所谓

在老板面前，你不要表现出一副"我不在乎金钱"的模样，这会使老板感到你是个很难驾驭的人，从而对你不信任。但是，你也不能对薪酬的数目多少过于在意，这会使老板感到你是为金钱而工作，而没有对工作应有的热忱。这也不能，那也不能，似乎会让你感到无所适从。但事实上也的确如此，在老板面前很多时候让人不知该如何表现才能符合他的心意。

6. 不要得知有关老板的任何秘密，更不要主动去打听

许多职员得知老板的一些小秘密，就似乎得到了无价之宝，觉得这有助于巩固你和老板的关系。实际上，这种想法大错特错。因为这秘密一定是老板不愿意让他人知道的事，你知晓了，老板就担心会被泄漏出去。这如同在他心中埋进了一根刺，是非拔去不可的。对此奉送一句忠告：切勿让老板知道你了解他，尤其是秘密，假如不可避免地碰巧撞上了他的秘密，装蒜是唯一明哲保身的方法。你一定要显得不明就里，一无所知，千万别显出明白的样子。

7. 让老板知道你效忠他

无论在工作上还是生活中，凡事你都尽可能地让老板出风头，把老板推向前台（当然是好事，但当有子弹打过来时，你一定要像保镖一样奋不顾身，就算是假装也可以，可能你根本挡不住这颗子弹），使他成为众人注目的焦点和风云人物。切记别中他试探你的圈套。有时候老板把某个员工捧出来，称赞这个员工，并暗示"没有此人不行"。实际上，这仅是老板布下的"迷魂阵"，目的只是为试探这位员工的眼里是否有他的存在。要时刻记住保持对老板应有的效忠程度，不要在被捧得飘飘然时连老板的尊严也不顾了。老板在下属面前，可能批评其他同事，这时假如你随口附和他的话，会伤害他的自尊心。原因在于，由老板请来的员工，都是表明他的观察力、判定力和

知人善任程度的砝码。他认为，他是老板，所以他可以批评其他员工，但这并不等于你也有资格这样做。

老板说："我真的不知道当初为何会雇佣他。"不识相的下属会搭腔道："是的，他的办事能力真糟，我早就感到他太无能了。"结果，在老板心目中，他会认为你在影射他选择人才的眼光，于是，老板会觉得自己的尊严受到了伤害。

无论任何时候，你都要让老板感觉到你的存在，感觉到你对他的利益有所帮助，从而让他确认你的忠心和价值。

58 如果我是老板会怎样

人们常常呼吁："理解万岁！"这句话道出了原来不被理解，后来被理解的人那种郁闷心情的释放。

我们在工作和生活中经常需要去理解别人。理解的最好角度是站在被理解的一方去思考，即所谓的"换位思考"。通过换位思考去了解别人处理问题的立场和出发点，这对于营造自己工作和生活的小环境是极其有用的。

作为一名员工，从你进入公司的那一天起，你就要开始在理解公司和公司的人，从公司的规章制度、产品特征、市场实力到公司文化都要尽力去理解。进而还要理解你的老板，理解他是怎样的人，拥有什么样的脾气秉性、工作作风、性格特征。有时候，你必须设身处地为老板想一想，多问几个"如果我是老板会怎样"。当你做到这一点时，你会发现和老板相处越来越容易越来越快乐了。

美国卡内基钢铁公司的董事长齐瓦勃，就是一个时刻要求自己像老板一样思考的员工。

齐瓦勃出生在美国一个偏僻的乡村，由于家境贫寒，15 岁的时候就开始独自踏入社会谋生。

一个偶然的机遇，他到了一个属于钢铁大王卡内基的建筑工地打工。齐瓦勃抱定决心，一定要让自己成为最优秀的人物。

他一面积极工作，一面学习各种技术知识和管理知识。结果他从一个普通的建筑工人一步一步做起，相继升任为技工、技师、部门主管、建筑公司总经理、布拉得钢铁厂厂长、钢铁公司董事长。

在齐瓦勃任卡内基钢铁公司董事长的第七年，当时控制着美国铁路命脉的摩根提出了与卡内基联合经营钢铁的要求。

一开始卡内基没有理会，于是摩根就放出风声说，如果卡内基拒绝，他就找贝斯列赫姆联合。贝斯列赫姆钢铁公司是当时美国第二大钢铁公司，如果与摩根财团联合起来，卡内基公司肯定会处于竞争的劣势地位，这下卡内基真的有些慌了。

他急忙找来齐瓦勃，递给他一份文件，说："按这上面的条件，你尽快去跟摩根谈联合的事宜。"

齐瓦勃接过文件看了看，微微一笑。他对卡内基说："根据我所掌握的情况，摩根没有你想象的那么厉害，贝斯列赫姆与摩根的联合也不会一蹴而就。如果按这些条件去谈，摩根肯定乐于接受，不过你将损失一大笔利益。"

当齐瓦勃将自己掌握的情况向卡内基汇报以后，经过认真分析，卡内基也承认自己高估了对手。卡内基全权委托齐瓦勃同摩根谈判，最后取得了使卡内基有绝对优势的联合条件。

摩根感到自己吃了亏，就对齐瓦勃说："既然这样，那就请卡内基明天到我的办公室来签字吧。"

第二天一早，齐瓦勃来到了摩根的办公室，向他转达了卡内基的话："从第51号街到华尔街的距离，与从华尔街到第51号街的距离是一样的。"

摩根沉吟了半晌后说："那我过去好了！"老摩根从未屈尊到过别人的办公室，这次他遇到了全身心维护公司利益的齐瓦勃，所以只好俯首屈就了。

齐瓦勃能做到的，相信我们每个人也可以做到。你可能没有齐瓦勃的职位，但是如果你能像他那样时刻把公司的利益放在心中，站在老板的角度上来思考公司的发展问题，那么，早晚你也将会像齐瓦勃那样取得事业上的成功。

王改从国内一所知名的管理学院毕业时，有几家大公司都有接纳他的意向，最后他却决定去一家规模较小的公司做总经理助理。对这样的选择，他的有些同学表示不解：在实力强的公司工作，起点不是更高吗？为什么要自讨苦吃？再说，助理的工作不就是打杂吗？说好听点儿，就是收发文件、做做记录。

几年过去了，王改从一个初出茅庐的毛头小伙成长为一家年盈利过百万元的公司老总。有一次，当别人称赞他的能力非凡时，他谦虚地说："其实，我刚参加工作时所作的总经理助理工作使我受益匪浅。正是由于每天接触公司的各种文件、资料，才使我了解了作为一个领导的管理思路；正是记录一场场的会议过程，让我清楚了企业是如何经营、如何决策的。我做的虽然是一件件小事，但是，如果从老板的角度来看待，就能看出价值的所在。"

英特尔总裁安迪·葛洛夫应邀到加州大学伯克利分校做演讲，他对毕业生发表演讲的时候提出了以下的建议："不管你在哪里工作，都别把自己只是当成员工——应该把公司看作是自己开的一样。"当然，这番话的真正用意并非建议你对公司的事务指手画脚，横加干涉，而是希望你提高自己工作的主动性，换一种积极的思路考虑问题。

在职场上有很多人都认为，公司是老板的，我只是替别人工作。工作得再多、再出色，受益最大的还是老板，与我有什么关系呢？有的员工天天按部就班地工作，一到下班时间连一秒钟也不愿耽搁，率先冲出办公室或车间。有的甚至趁老板不在时没完没了地打私人电话或无所事事地遐想。

这种想法和做法其实无异于在浪费自己的生命和自毁前程。一个在事业上获得成功的经理说："除了那些含着金钥匙出生的富翁第二代，绝大多数老板都是从打工做起的，而一个人打工时的心态是决定这个人日后是否会成为老板的一个关键。"

如果你认为老板整天只是打打电话，赶赶饭局而已，那就大错特错了。实际上，他们头脑中时时在思考着公司的行动方向和远景。有时，我们真的得来个换位思考，也就是要员工站在老板的角度去思考问题。在工作中，我们应该具有一种老板心态。经常问一问自己："假如我是老板，我会怎么想，怎么做？"

假如你是老板，手下有两个员工，一个只有在工作任务交代得很详细的状况下才去做，还经常会把事情搞砸；而另外一个除了把布置的任务完成得非常圆满，还喜欢帮助别人。两者之中，你更愿意任用哪一个？答案不言而喻。

作为老板，肯定是希望，当自己不在的时候，公司的员工还能够一如既往地勤奋努力，踏实工作，每个人都能认真做好自己的分内之事，时刻注意维护公司的利益，这样自己才能一心一意处理好外面的事情。

在这个世界上所有的老板都一样，他们都不会青睐那些只是每天8小时在公司得过且过的员工，他们渴望的是那些能够真正把公司的事情当作自己的事情来做的员工，因为这样的职工任何时候都敢做敢当，而且能够为公司积极地出谋划策。

做自己的"伯乐" 59

很多时候，很多人看到的只是自己的渺小，忘却了自身的优势。其实，为何要苦苦等待别人的眼睛去发现自己？我们完全可以在认识到自身的长处后，展示自己在这一方面的天赋。

陈胜虽是农民出身，却胸怀大志，认识到自己的领导才能，与吴广发起中国历史上规模庞大的农民起义，无论结果如何，他实现了自己的理想，因为他大胆地去做了。

有时，优势也隐藏在短处里。一个供逃生用的独木桥，横跨在悬崖之间，在此岸的人们望见了悬崖的万丈之深，以及独木桥的狭窄后，都是畏惧在一起，无一人愿意尝试踏上一步。这时，一个人自告奋勇、昂首挺胸地安全地走过去了。他是一个盲人，原先是生活在障碍重重、一片黑暗的世界里，过一座独木桥，对他来访问演出和先前也没什么区别。有时，看不见也是一种优势，习惯了黑暗，也就不会害怕那些看起来危险、实际上只是心理作用的事物。

有这样一个故事：一只猫向老虎学艺，它认为老虎是森林之王，擅长奔跑、捕食。老虎不屑地看着猫，说："就凭你这个矮小的、一无是处的东西也来向我学艺？你除了会提耗子还会什么？走开！"就在这时，猎人拉下了原本"潜伏"在树上的网，猫见势立刻跳上一旁的树枝上，老虎却因来不及逃走，被猎人抓住了。"原来我的本领也挺大的，至少可以逃生。"那只猫得意地想。

在这个世界上所有的生物都有自己的优势，与其花费时间去效仿别人，不如认识自己，了解自己真正的优点是什么，不要"庄生小梦迷蝴蝶"，忘却自己存在的价值。

一个男孩被父母认为一无是处，只有力气大，喜欢招惹邻里家的小孩，经常惹是生非，难找到任何值得称赞的优点。父母对他已经灰心了。突然发现他迷上了电视上的拳击场景，于是抱着试试看的心理，让他去学拳击。可这一学，让父母意料之外的是，他不仅改掉了以前的蛮横、暴力，而且还成为举世闻名的拳王。所以优点还是缺点，在于你怎么去看，还得怎样引导与发挥。

从前，有一个诗人想到人生的虚无，就痛不欲生，他决定自杀，他来到一片空旷的野地里，给自己挖了一个坟。他看这坟太光秃，便在周围种上树木和花草，种啊种，他渐渐迷上了园艺，醉心于培育各种珍贵树木和奇花异草，他的成就也终于遐迩闻名吸引来一批又一批的游人。

有一天，诗人听见一个小女孩问她的妈妈："妈妈，这是什么呀？"妈妈回答："我不知道，你问这位叔叔吧。"

小女孩的小手指着诗人从前挖的那个坟坑，诗人脸红了，他想了一想，说，小姑娘，这是叔叔特意为你挖的树坑，你喜欢什么，叔叔就种什么。小女孩和他的妈妈都高兴地笑了。

诗人也笑了。

哈佛心理学威廉·詹姆斯曾经说："人性最深刻的原则就是希望别人的对自己加以赏识。"但是，当我们无法得到别人的认可时不妨先学会欣赏一下自己，做自己生命中的伯乐。一块荒地彻底改变了诗人的命运，他从中认识到了自身的价值。由此可见，人在生命的某些时候要学会用智慧的双眼去发现自己的闪光点，做自己的贵人。

正所谓"千里马常有，而伯乐不常有。"很多时候，我们都在默默无闻地生活，悄悄地将自己身上的桀骜和乖戾一点一点抹杀掉，最终发现自己一无所有。

真正的上帝之手是没有的。倘若一定要寻找，它其实就是你自己。我们只有做自己的伯乐，不断发展自身潜能，从灵魂深处"钻探"出生命底蕴中的清泉，唤醒潜意识中的大智慧，使之焕发出超常的生命原动力。命运才会叹息着服从你。

别人是一面镜，你便是镜中的风景，别人是一堵墙，你便是墙外的世界，没有理由欺骗自己，没有理由否定自己，自己是一棵松，就该具有松的高大；自己是一座山，就该具有山的尊严。做自己的伯乐，即使自己是一道残景，也应努力让阳光撒落，不应因月亮被云暂时吞噬而否定光明的存在。我们每个人都是一道独一无二的风景。

做自己的伯乐，我们才能始终保持一颗闲适的心去从容应对人生的跌宕起伏。真正做到不以物喜，不以己悲，长风破浪会有时，直挂风帆济沧海。

做自己的伯乐，不断钻探出自己的潜能，我们终会拥有化蛹成蝶，迎向朝阳的那一天，那时候的你将站在人生的制高点上无限光荣的真正领会到"一览众山小"的豪情。

嫉妒别人，折磨的却是自己 **60**

在这个世界上绝对没有十全十美的人。每个人即会有优于他人的地方，也会有劣于他人的地方，这是现实，你不能不接受。而有的人不能正确地认识自己，就像小孩子一样，当别人超过自己时，心里老是不痛快，其实就是嫉妒心理在作怪。

他们往往看不得别人比自己强，一旦别人超过自己，无论是比自己有钱，还是比自己漂亮，或是比自己有更高的成就等等，他们都会产生羞愧、愤怒、怨恨等情绪，并排斥、敌视比自己强的人。

哈佛学子爱默生说："凡是受过教育的人最终都会相信嫉妒是一种无知的表现。"嫉妒在很多时候伤害的不是别人而是自己。其实，嫉妒就是自己给自己寻找烦恼，拿他人的优势来折磨自己，不能战胜对方，自己又不服输；不能超越对方，自己又不服气，于是就开始嫉妒。嫉妒说到底就是对自身的轻蔑。它清楚地告诉别人，自己是一个弱者，自己不如别人；嫉妒又是为自己设下的羁绊，它会使自己深陷一种深深的痛苦之中，甚至落得个可悲、可怜甚至可笑的下场。

一只老鹰常常嫉妒别的老鹰飞得比它好。有一天，它看到一个带着弓箭的猎人，便对他说："我希望你帮我把在天空飞的老鹰射下来。"猎人说："你若提供一些羽毛，我就把它们射下来。"这只老鹰于是从自己的身上拔了几根羽毛给猎人，但猎人却没有射中其他的老鹰。它一次又一次地提供身上的羽毛给猎人，直到身上大部分的羽毛都拔光了。于是猎人转身过来抓住它，把它杀了。

嫉妒对自己本身的伤害，正如铁锈对钢铁的伤害一样，不是别人给自己的伤害，而是自找苦吃。其实，嫉妒的杀伤力远超过我们的想象，每当心中怀着一股嫉妒之火时，伤害最大的还是自己。

胡某、王某俩人同年大学毕业，进入同一个单位工作，业务上经常互相交流。但经过几年以后，胡某以其娴熟的业务、精干的办事能力而获得领导的赏识，还评上了高级技术职称。而王某则平平淡淡，无所建树。但他对胡某很不服气，对胡某所获得的一切也很嫉妒，于是给领导写了一封匿名信，诬陷胡某。最终事情败露，被单位给予行政处分，正所谓偷鸡不成蚀把米。

有一对夫妇，两个人都是非常著名的作家。他们年轻的时候就是因为对于文学的共同爱好而相互爱慕的，后来更是因为对相互才华的肯定而结合在一起。应该说他们是幸福的，但就在男作家 61 岁的时候，却残忍地杀死了他的爱人。

原来，在他们认识当初，男作家的名气就已经很大，而女作家还只是文坛的新秀。但渐渐地，女作家居然后来居上，其写作的才华和名气都超越了她的丈夫，这让男作家无论如何也接受不了。他嫉妒的烈火已经无法扑灭，他开始抽烟、酗酒、打骂自己的妻子。

女作家因为无法忍受丈夫的嫉妒和打骂，很长一段时间都是在朋友家里寄宿。这样的日子就一直持续着，直到有一天，女作家和男作家的新书同时出版，女作家的书卖得很好，刚一出炉就创下了几十万册的好成绩，而男作家的书却只卖出了几千册。男作家再也无法忍受这个和他朝夕相处的女人，更容忍不了她比自己更出色。于是悲剧发生了，他将枪口残忍地对准了跟他生活了半辈子的爱人，之后，又绝望地把枪口对准了自己……

原本令人羡慕的两个人，他们不仅有共同的志趣，又同是一起生活互相帮助的伴侣，谁也想不到他们之间会发生这样的悲剧。而悲剧的源泉，却仅仅是因为男作家的嫉妒。

有一个人，非常嫉妒他的邻居，他的邻居越是高兴，他越是不高兴；他邻居的生活过得越好，他越是不痛快；每天都盼望他的邻居倒霉，或盼望邻居家着火，或盼望邻居得什么不治之症，或盼望下雨天雷能窜进邻居家，劈死一、两个人，或盼望邻居的儿子夭折……然而每当他看到邻居时，邻居总是活得好好的，并且微笑着和他打招呼，这时他的心理就更加不痛快，恨不得给邻居的院里扔包炸药，把邻居炸死，但又怕偿还人命。就这样，他每天折磨自己，身体日渐消瘦，胸中就像堵了一块石头，吃不下也睡不着。

终于有一天他决定给他的邻居制造点晦气，这天晚上他在花圈店里买了一个花圈，偷偷地给邻居家送去。当他走到邻居家门口时，听到里面有人在哭，此时邻居正好从屋里走出来，看到他送来一个花圈，忙说："这么快就过来了，谢谢！谢谢！"原来邻居的父亲刚刚去世。这人顿觉无趣，"嗯"了两声，便走了出来。

在这个故事中，主人出于嫉妒心理将自己置于灵魂的地狱之中，它不断地折磨自己。但是，折磨来折磨去，最后自己却一无所得。

嫉妒是差别和比较的产物，属于一种内心情绪体验。差别和比较的结果是：从差别和比较中形成心理不平衡，这种不平衡心理往往是消极的。嫉妒心理总是与不满、怨恨、烦恼、恐惧等消极情绪联系在一起，构成嫉妒心理的独特情绪。不同的嫉妒心理有不同的嫉妒内容，但主要是在四个方面表现得尤为突出，这就是名誉、地位、钱财、爱情。有的还表现为一种综合性的笼统内容，即只要是别人所有的，都在其嫉妒之内。

嫉妒的人喜欢拿别人的优点来折磨自己。别人年轻他嫉妒，别人长相好他嫉妒，别人身材高他嫉妒，别人风度潇洒他嫉妒，别人有才学他嫉妒，别人富有他嫉妒，别人的妻子漂亮他嫉妒，别人学历高他嫉妒……德国有一句谚语："好嫉妒的人会因为邻居的身体发福而越发憔悴。"所以，好嫉妒的人总是 40 岁的脸上就写满 50 岁的沧桑。

哈佛心理学家发现，嫉妒心强烈的人易患心脏病，而且死亡率也高；而嫉妒心较少的人群，心脏病的发病率和死亡率均明显低于其他人，只有前者的 1／3～1／2。此外，如头痛、胃痛、高血压等，易发生于嫉妒心强的人，并且药物的治疗效果也较差。

总而言之，嫉妒心理是一种破坏性因素，对生活、人生、工作、事业都会产生消极的影响，正如培根所说：嫉妒这恶魔总是在暗暗地、悄悄地"毁掉人间的好东西"。

61 与其抱怨，不如好好反省

在繁忙的工作中很多人总是抱怨多多，殊不知，这样的心态实际上是抱怨了他人，痛苦了自己，甚至是害苦了自己。

这样的人抱怨最多的就是公司和老板，开口闭口总是说，这个乱公司，这个死老板。无论是当着同事的面还是下属的面，总喜欢用抱怨甚至贬损公司和老板来抬高自己，表面上是在抱怨贬损，实际是想通过这种方式来抬高自己。这种危险的言语和行为，往往成为同事们攻击自己的武器，这种武器不是别人创造的，是自己在抱怨中只图一时的痛快造成的。所以有一部分人在职场中莫名其妙地被公司"炒掉"了，还有些找不着北！就是因为平时过多的抱怨积累起来的结果。要知道公司的混乱才是你存在的价值。越是混乱的公司越能让你做出一番成绩来。如果真的是一家管理比较规范的公司，兴许你还没有资格应聘进去呢！

这样的人喜欢抱怨同事和下属，抱怨同事是给工作自我设限。没有完美的人，其实我们自己也是一样的，同事之间和睦相处其实是我们协调合作的前提，管理学中明确提出，管理的核心是处理好人际关系。处理不好人际关系的人可想而知是做不了管理干部的。自己的前途和职场规划又何谈实现呢？俗话说："在家靠父母，出门靠朋友"。职场中的同事就是工作中的朋友，包容同事的弱点放大同事的优点，就不会有抱怨同事的言行了。抱怨下属其实是比较不明智的做法，如果下属比你厉害，还有你做上司的机会吗？没有下属的无能又怎能体现你的干练呢？同时抱怨下属本身就是作为领导者没有胸怀的表现。

这样的人喜欢抱怨公司里的一些不平等的事情，比如说，某某的电话补贴比自己高，某某的住宿条件比自己好，但是某某的职位却没有自己高。这些表面上看起来不平等的事情，一般都是有"背景"故事的。这些"背景故事"往往就是公司老板或者高层的"禁区"或者"地雷"。有些阅历不深的职场中人，往往在背后拿这些事情出来抱怨。结果是自己踩了地雷，进入"禁区"浑然不觉。

　　这样的人往往因为多做了一些工作，特别是本职工作之外的工作，而像个下了蛋的老母鸡一样高声宣扬式的抱怨，抱怨公司给他分担这么多的工作。抱怨公司有职务说明书而不按照文件执行。殊不知这可能就是公司领导在考核或者考验下属。身处职场你必须明白一个道理：经历越多，懂得越多，才能提升越快，职位将越高，工资福利待遇也将水涨船高。就是平时在工作当中多做一些工作，在自己及所能及的情况之下，又何尝不是一件好事呢？有机会经历一些事情其实是最好的学习方法。有些人看到一些成功的人士或者老板，他们现在轻轻松松，其实他们并不是我们平时看到的轻松，他们有着他们的压力，就是说他们现在比较轻松，但是他们现在的轻松一定是之前的艰辛所换来的。不要只看到眼前老板的"清闲"和"成功"。其实每一个成功的人士和老板的背后都有一部艰辛奋斗史。我们不难发现每个成功的人士或者老板都是"工作狂"来的。所以当公司分担多一些的工作给你的时候，应该感到高兴和庆幸才对。做错了公司在为你买单，无论做错了还是做好了，对自己其实没有什么坏事。大不了老板或者上司骂一顿。但是自己的能力和见识又增长了不少。何乐而不为呢！长远的职业规划总得靠每天点点滴滴的做事来积累和实现吧！

　　有一个职员对自己的工作极为不满意。一次，他愤愤地对朋友说："我的上司一点也不把我放在眼里，改日我要对他拍桌子，然后辞职不干！""你对那家贸易公司完全弄清楚了吗？对于他们做国际贸易的窍门完全搞通了吗？"朋友反问道。

　　"没有！""古人说'君子报仇三年不晚'。我建议你还是好好地把他们的一切贸易技巧、商业文书和公司组织完全搞通，甚至连怎样修理影印机的小故障都学会，然后辞职不干。"朋友说。那个职员觉得朋友的"建议"有道理——以公司做免费学习之所，什么东西都通了之后，再一走了之，为此不是既出了气，又有许多收获吗？自此，他默记偷学，甚至下班之后，还留在办公室里研习写商业文书的方法。很快，一年就过去了。一天，那个职员和朋友又见面了。朋友问："你现在大概把公司的一切都学会了，可以准备拍桌子不干了吧？"然而，那个职员却红着脸说："可是我发现近半年来，老板对我刮目相看，最近更总是委以重任，又升官，又加薪，我已经成为公司的红人了！"这则故事颇有几分"欧·亨利笔法"的意味。从故事所透露的"信息"看来，那个曾经极不满意自己工作的人，已经打消对其上司"拍桌子，然后辞职不干"之念是可以肯定的，因为他没有理由不珍惜眼前那"柳暗花明又一村"的可人景象。

一个人能迅速地由"山重水复疑无路"之逆境而转达"柳暗花明又一村"之顺境，确实让很多人都羡慕不已。然而，最值得玩味的还是故事中那位"朋友"之所言，尤其是那段充满智慧、用心良苦的规劝之语。其言充满智慧，用心良苦，是因为它不仅为故事主人公指明了一条"自新"之路，并且，规劝者借此曲折道出了人们平素极易犯染而又极易的忽视的一种毛病，那就是：在工作中，当我们在上司的心目中占不着"分量"时，我们常常只知一味地牢骚满腹，抱怨上司的态度，却不肯平心静气地正视自己，客观地反省自己——问问自己"能"有几许？"力"有几何？

其实，平心静气地正视自己，客观地反省自己，既是一个人修性养德必备的基本功之一，又是增强人之生存实力的一条重要途径。缘于此，曾参那句"吾日三省吾身"的话才成为千古名言，宋代大理学家朱熹才于《白鹿洞书院榜示》中郑重写下"行有不得，反求诸己"八个大字，而唐代大文豪韩愈才会谆谆告诫其弟子云："诸生业患不能精，无患有司之不明。行患不能成，无患有司之不公。"

在人们的思维习惯里，言及上司与部下之间的"不公"，似乎唯有上对下，殊不知，也存在下对上"不公"的现象。无论是上对下，还是下对上，"不公"总是人所不想见的。因此，就"部下"言，不时地正视自己，反省自己，抑或不失为公正认识上司的一种途径吧！

不把工作带进家 62

对每个人来说，事业与家庭是人生的两大支柱。然而，这两个支柱之间，却往往存在着许许多多的矛盾。要正确处理家庭和事业的矛盾，要养成一个良好的习惯：不把工作带进家。

不把工作带进家，意味着你不把工作的烦恼带回家，这样可以使家庭生活和谐快乐，反过来会更加有力地推动事业发展。有研究发现，在当今社会，25%～40%的人认为工作压力太大，有56%的人其配偶因此跟着倒霉。哈佛心理学家认为，压力是一种极具传染性的东西，除非采取措施，否则它可能会破坏婚姻生活。配偶某些工作状况的变化，如在工作中的职责变化——升迁、降级、责任增大都会在心理上给另一方造成深刻影响，加重另一方的压力。而且在很多时候，另一方的处境更不容易，因为他(她)只能在一旁干着急。如果协调不好，夫妻之间终会有对抗的一天，你的另一半也许会更埋怨你没有把家放在首位。

不把工作带进家，意味着你可以在家庭的温暖中使自己得到充分的休息，以更昂扬的姿态投入明天的奋斗。人生幸福的大部分内容是家的温暖，有一个幸福的家，我们的人生就可以如天上的那轮明月圆满而无憾。

随着社会节奏的日益加快，家庭里的每个成员为了给自己生活多一份保障，都把时间花在进修或工作上，所以跟家人相处的时间就减少了。在这种情况下，每个家庭成员更要积极争取与家人相处的时间。要知道，"有没有钱并不能衡量你是不是成功的人，你要量力而为，不能因为别人有大洋房住你也要住。因为洋房里的温暖，不是由里面的那些砖块拼成的，而是由家庭成员去共同营造的。"

在日常生活中每个人都会有这样那样的烦恼，我们也可以向家人诉说，但却不能把苦恼全部转移到家人的身上。要知道，家是你温暖可靠的后方，我们应该用心呵护它。当你工作了一天，打开家门的时候，就应该把工作中的不快乐拒之门外，带一份好心情回家。

美国一个农场的主人，雇用了一个技工师傅来安装农舍的水管。技工开工头一天，先是因车的轮胎爆裂，耽误了一个小时。再就是电钻坏了。最后呢，连他开来的那辆载重一吨的老爷车也抛锚了。他收工后，无法回家。雇主只好开车把他送回家去。

到了家门前，技工邀请雇主进去坐坐。在门口，这位满脸晦气的技工没有马上进去。只见他闭目养神了一阵子，再伸出双手，抚摸着门旁一棵小树的枝丫。

待到门打开，技工一下子好像换了个面孔，笑逐颜开，和两个孩子紧紧拥抱，再给迎上来的妻子一个深情的吻。在家里，技工喜气洋洋地招待这位雇主新朋友。

雇主离开时，技工陪他向车子走去。雇主按捺不住好奇心，问："刚才你在门口做的动作，有什么用意吗？"技工爽快地回答："有，这是我的'烦恼树'。我到外头工作，不顺心的事总是有的。可是烦恼不能带进门，这里头有太太和孩子嘛。我就把烦恼暂时挂在树上，明天出门时再拿走。奇怪的是，第二天我到小树前面时，'烦恼'大半都已不见了。"

是的，我们每天在社会上打拼，偶尔会遇到一些倒霉或不如意的事，因而心生烦恼。其中的许多烦恼，都与心情或情绪有关，因而是有时间性的。待心情平静下来以后，烦恼可能就消失了。

我们不妨学学这位技工师傅的方法，把烦恼暂时放在门外，不把它带回家去。这样一来，我们可以享受到幸福温馨的生活。

年轻时我们并不看重家，那时我们个个怀有凌云壮志，如老师、父母所期望的那样，当科学家、作家，倘若那时有人觉得下班后和妻子手牵着手去买菜是人生的乐趣，我们必会笑他平庸甚至庸俗。

当岁月的风霜使我们的脸庞布满沧桑，当世事的艰难使我们的眼神不再清澈，当人生的坎坷使我们的内心已千疮百孔，当我们闯荡世界疲惫归来却依旧是空空的行囊，我们终于明白了一个非常简单的道理：事业辉煌仅靠聪明努力远远不够，它需要天时、地利、人和，以及命运的垂青。只有极少数人才能事业成功，甚至能做一份自己喜爱的工作的人都不是很多，绝大多数人，不过是为了谋生做着一份自己并不喜欢的工作，而我们能拥有的仅仅是身边的这个家。不管俊的丑的，不管得意或失意，不管君子还是小人，生活给我们最大的平等和恩赐是：每个人都拥有一个家，而我们能得到的人生幸福，实际上绝大部分来自我们的家。

在茫茫人海，能够给我们带来温暖的是家；在喧哗的尘世，能给我们片刻安宁的是家；在纷扰的争斗中，能为我们疗伤的还是家。

是的，有一个幸福的家，我们的人生就有了80%的幸福；有了一个幸福的家，工作的烦恼就可以忍受，因为我们的忍气吞声和辛苦劳累都有了价值——要赚钱养家使我们所爱的人丰衣足食；有了一个幸福的家，凄风苦雨我们都不再害怕，因为只要奔回家，只要打开家门，就有了温暖和宁静……

哈佛的研究者发现，近年来，中年白领的心理危机越来越多。这些有成就的人，对自己往往有着比一般人更高更完美的要求标准。同时，他们又处于一种竞争激烈的环境之中，所以他们一旦遇到某种挫折，就意味着对自己那种"高标准、严要求"目标的否定。而此时所处的高位使他们难以找到可以倾诉和求援的知心朋友，负性情绪难以排解，因而事业上取得成就的中年白领，更容易发生心理危机，在工作上、事业上铸成严重错误或给幸福的家庭带来不幸。在这个时候，家庭的放松作用就更加明显地显示出来了。因此，你必须牢记的是：不要把工作带进家门！

63 只要"心想"，就会"事成"

很多心理学专家都认可这样一个观点：一个糟糕的想法最终会收获一个糟糕的结果，一个美好的想法最终可以收获一个美好的结果，简而言之，就是"心想事成"。

心理学家也认为，最终能在多大程度上实现"事成"，取决于"心想"的程度，即你的决心有多大。

从哈佛毕业的名人数不胜数，大多是科学家、企业家和政界人士。殊不知，第一个现代奥运冠军与哈佛大学也有着千丝万缕的联系。他就是詹姆斯·康纳利。

1896 年 4 月 6 日，现代奥运史上的第一个世界冠军诞生了，他就是来自美国哈佛大学的大学生詹姆斯·康纳利。

康纳利 1895 年被哈佛大学录取，学习古典文学。在学校时，他已经是当时全美三级跳远冠军了。听说奥运会即将在雅典举行，他便向学校请 8 周假前去参赛，但学校拒绝了他的要求。康纳利执意要到奥运会上一试身手，于是他离开了哈佛，自己争取到参加奥运会的资格，成为由 11 人组成的美国代表团的成员之一。

与他一同前去的其他美国同伴都是波士顿体育协会麾下的运动员，参赛是免费的。而康纳利太穷了，他享受不到这种待遇。他这次参赛是在一家很小的体育协会的赞助下才成行的。由于资金紧张，他花掉了自己仅有的 700 美元的积蓄，才登上了德国德福达号货船。

就在启航的前两天，他伤了后背，几乎毁了他的全部计划。幸运的是在从纽约到那不勒斯的 17 天航行中，他的伤痊愈了。但是刚下船，他的钱包又被人偷走了。这还不算，更为糟糕的事接踵而来：因为希腊历制和西方历制不同，比赛在他们到达的第二天就开始了，而不是他们原以为的 12 天之后；而对他更为不利的是，他的三级跳远项目的起跳要求是单足跳一单足跳一起跳，而不是他从小练习的传统跳法单足跳一跨步一起跳。

4 月 6 日下午，三级跳远比赛开始了。在其他运动员跳完之后，康纳利最后一个出场。他走到沙坑前，把帽子扔到了一个别的运动员跳不到的位置上，大声呼喊自己要跳到帽子那里去。他在跑道上加速，按照新的规则，先两个单足跳，然后起跳，最后落在比他的帽子更远的地方，跳出了13.71米的好成绩，成为当之无愧的现代奥运史上的第一个冠军。

1949年，哈佛大学试图与他和解，并授予他博士学位。并不是每个人都能在逆境中坚持自己的决定。面临着参加奥运会就要离开学校，且自己自费参赛的严峻考验，詹姆斯·康纳利坚持自己的想法，最终博得了胜利。

每个人都希望自己能够成功，希望自己奋力追逐的目标能够实现，但是，相对于世界人口的总数量而言，成功的人远远少于碌碌无为者。为什么成功者永远是少数人呢？是因为其他的大部分人没有努力吗？回答当然是否定的，其实很多人都很努力，但是，他们为什么没有成功呢？中国有这样一句老话：行百里者半九十，可以这样理解这句话：如果你的目标是走完一百里，那么，走完九十里才算走完一半。这句话既说明了后面路程的重要，也说明了后面路程的艰难，而那些不成功的人往往就是没有坚持走完后面的"十里路"，正所谓九十九度还差一度才是开水，如果放弃了在上升一度的机会，那么，这种水就是不能喝的。同理，如果在最后关头放弃了努力，那么前面的所有努力也前功尽弃了。这就像阿里巴巴创始人马云在《赢在中国》节目上有一句话："今天很残酷，明天更残酷，后天很美好，但绝大部分是死在明天晚上，所以每个人不要轻言放弃。"它们同时说明了一个道理，那就是：努力只是成功的必备条件之一，那么，成功还需要什么条件呢？我们先来看这样一个故事，它也许能给我们想要的答案。

有一位年轻人，想做苏格拉底的学生，并且承诺，如果苏格拉底愿意接受他，那么他将会很勤奋的学习。听了这些，苏格拉底只是笑了笑。有一天，苏格拉带着这个年轻人到一条小河边，"扑通"一声，苏格拉底径自跳进了河里，他在河里边游泳边向年轻人招手，于是年轻人来不及思索的也跳了下去。没想到，当年轻人一跳下来，苏格拉底立即用力将他的脑袋按进水里，年轻人好不容易挣扎出水面，苏格拉底立即再次用更大的力气将他的脑袋按进水里。年轻人吓得拼命挣扎，刚一出水面，还来不及喘气，苏格拉底第三次死死地将他的脑袋按进水里。性命攸关，这次年轻人本能的使尽浑身力气挣开了苏格拉底，朝河岸逃去。他本能地就拼命往岸上跑。

爬上岸，年轻人惊魂未定，喘了好一会儿气才指着河里的苏格拉底问："大师，你这是什么意思？"然而，苏格拉底没有理他，爬上岸像没事一样就走了。年轻人似有所悟，追上苏格拉底，很诚恳地问道："大师，你刚才的做法一定是有意义的，可以指点一下吗？"苏格拉底见他态度诚恳，于是，站定下来，告诉他说："你想做我的学生，就必须有非常强烈的决心，就如同你刚才求生的决心一样，如果只有勤奋而没有决心，即使是我也教不好你。"

决心是实现目标必不可少的条件，当决心与目标相结合，就会产生百折不挠的巨大力量。因此，一个能够凡事坚持到底的有决心的人，往往更容易得到成功者的赏识，更好的发挥自己的才能。

很多心理学专家都认可这样的一种观点：成功与不成功的区别在于前者的态度是一定要成功，而后者仅仅是想要成功，前者比后者更有决心。如果仅仅是想要，可能也就是想想而已，最终还是什么也得不到；如果是一定要，那就会为了目标想尽各种办法，因为成功一定有方法。

有一家私营业主，老板很喜欢登山；常常利用节假日组织员工登山。宋年虽然已经进入中年人的行列了，但还是和年轻的同事们一起积极报名参加。因为年龄与体能的关系，宋年总是落在年轻同事的后面。体力好一些的年轻同事似乎轻而易举地就登上了山顶，而有的因为怕累中途往回返，宋年每次都累得汗流浃背，气喘吁吁，但是因为他下定决心一定要登上山顶，所以还是会一步一步坚持向上爬，直到登上山顶。

那位私营业主自己是一个很有决心的人，他就是靠着一步步地打拼和坚持才小有成就的，所以，他很欣赏宋年表现出来的意志力。经过登山过程中的几次观察后，他觉得宋年所表现出来的决心难能可贵，他总能够为了自己的目标坚持到底，于是主动给宋年升职。

西华·莱德是一位著名的战地记者，在他的一篇文章中，曾记录过一个关于决心的很感人的故事。在西华·莱德的一生中，他始终记得那句对自己的忠告："继续走完下一里路"。而他这样记载了与这句话相关的经历。"那是二战时候的事。我们被迫跳伞逃生，结果迫降在缅印交界的森林里。我们当时又累又饿，而且相当害怕，我们必须翻越山岭，进入印度，大约要步行140英里。没有人能够体会到140英里对于一些极度紧张和劳累的人来说意味着什么。我的双脚都起了血泡，但我们不能停下来，我只能一遍遍地对自己说：继续走完下一里路。结果我们成功了。"

100%的意愿，100%的决心，100%的成功的欲望，才可能有100%的成功。所以，有决心，是一个人获得成功的重要因素。

做自己喜欢的事情 **64**

　　心理学上认为，兴趣是人对事物的真正关心，是推动人们去寻求知识或从事某种活动的一种精神力量，一种动力。兴趣一旦被激发，人们会伴随愉快紧张的情绪和主动的意志努力，去积极地认识事物，因此兴趣对我们的事业具有无法替代的促进作用。

　　哈佛大学的幸福课教授本·沙哈尔曾经遇到过一名律师，在纽约一家知名公司上班，拿着不菲的薪水，工作很努力，一周至少要干 60 个小时，但业绩并不理想，过得很不开心。当本·沙哈尔问他，在一个理想世界里还想做什么时，这名律师说，最想去一家画廊工作。

　　"难道说，在现实世界里找不到画廊的工作吗？"这名律师说不是的，但如果选择去画廊工作，一开始时收入就会少很多，生活水平也会下降。他虽然对律师楼里的人很反感，但觉得没有其他选择。

　　为了金钱的保障，被一个不喜欢的工作所捆绑，他每天并不开心，没有工作激情，自然也难有大的建树。据有关机构统计，在美国，有 50% 的人对自己的工作不甚满意。本·沙哈尔认为，这些人所以不能成功，是因为他们对工作没有兴趣，也没有动力，而出现这一切的原因是他们太看重现实的物质与财富，宁愿把自己的未来葬送。

　　一个人如果从事的不是自己喜欢的工作，那么他一定不会取得成就，在所有的商界名人，成功人士中，我们几乎找不到这样一个人，他说过不喜欢自己正在从事的事业，但是却取得很大的成就。

　　意大利科学家伽利略在年轻时就有意于对哲学进行深入研究，可是这想法却遭到父亲严厉地反对。有一天他找了一个机会对父亲说："爸，我想要知道你为什么是同母亲结婚，而不是别人呢？"父亲回答："因为我疯狂地爱上她了。"伽利略又问："那你从来没有考虑过其他人吗？甚至没有碰到更好的人吗？"

　　父亲笑着地对伽利略说："这是不可能的，孩子，你知道吗？当时家里的长辈要我选择另一个富有的女人结婚，可是我只对你的母亲一往情深，当初我追求她时，她是如此的美丽动人，我发现只要没有看到她，我就魂不守舍，几乎无法自拔，我已不能没有她……"

伽利略听完父亲的话，说："这倒是真实，到现在还看得出来你们是如此相爱，可是，父亲大人，我现在也面临了同样的处境，除了哲学，我不可能选择其他的方向，现在哲学是我心中唯一的渴望，我对它的喜爱，就像是您对母亲一样的不能割舍。"父亲听完伽利略的一番话后，答应了让他从事哲学研究的工作。

这个故事中，伽利略巧妙地将"爱情"与"工作"进行了转换，让父亲能够站在他的角度考虑问题，最终说服了父亲。

只有做着自己喜欢的工作，才能达到疯狂的状态，才会全力以赴，才会把自己手边的工作做好，做到尽善尽美，就是工作的意义。全身心地投入到你正在做的工作中，只有这样的对待工作才能取得巨大的成就。

李彦宏曾通过百度的发展历程告诉创新与创业大讲堂的学员们：要做自己最喜欢的事，做自己最擅长的事。因为这样最容易成功。

因为对计算机行业的强烈热爱，每天早晨起床，李彦宏做的第一件事不是洗脸刷牙，而是跑到电脑上查看百度各个栏目的浏览状况，是涨了还是跌了，如果跌了，就分析那是为什么跌了。因为喜爱，百度的发展成了他生活的中心，成了支撑他生活下去的动力。不管遇到什么样的困难或挫折，他都会想办法去解决，而不是轻易放弃，因为这是他喜欢做的事，因为喜欢，所以擅长，他不想让自己的优势被埋没掉。并且，因为他喜欢的是通过技术让更多的人更容易地获得信息，让社会获得收益，所以他并没有被那些更赚钱的项目，如短信、网游等所诱惑，这些年百度没走什么弯路，很重要的原因就在于此。

一个人一旦选择了自己喜欢的工作，做起来就会特别卖力，总是精神饱满，浑身上下焕发活力，并且能够愉快的胜任自己的工作。要成功就做自己喜欢的事，这已经成为很多成功人士的一种共识。一次，巴菲特应邀到纽约哥伦比亚大学给学生做演讲，当被问到成功的秘诀时，巴菲特大笑起来，他说其实自己也很普通，普通到与在座的学生没有什么不同的地方，如果一定有什么不同的话，那就是他每天都在做自己喜爱的工作。巴菲特说自己很幸运——既能做喜欢的事，还能赚很多的钱。这真是一件很幸运的事，试想一下，做你喜欢做的事，并有人付钱给你，这该多么让人觉得快乐。

一个人不喜欢自己所做的事，就一定不会在这件事上取得成功，因为如果他不喜欢，会轻视自己的工作，而且总是抱持应付差事的态度。无法从工作中享受到任何乐趣，遇到一点困难就会退缩，没有成就，这样也不会得到别人的尊敬，这样不仅对他的工作造成影响，还会对其生活产生影响。当一个人认为工作给自己带来的是辛苦、烦闷，那么他的工作决不会做好，而他的特长因为得不到展示和发展，也终将被埋没。

所以，选择自己喜欢的工作吧，它能让你更快地走向成功。

65 做一些别人没有做过的事

哈佛教授尼古拉斯·罗杰斯曾说："我创造，所以我生存。"股票市场上常流行这样一句话："人们不去的地方，自有通往金山的道路。"要想成功，就要想别人没有想到的，做别人没有做过的事情。

有一对无话不谈的好朋友，一位是工程师，另一位是逻辑学家。一次，两人相约赴埃及参观著名的金字塔。来到埃及，逻辑学家住进宾馆后，仍然习以为常地写起旅行日记。工程师则独自徜徉在街头，忽然耳边传来一位老妇人的叫卖声："卖猫啊，卖猫啊！"

工程师走上前去观看，在老妇人身旁放着一只黑色的玩具猫，标价500美元。这位妇人解释说，这只玩具猫是祖传宝物，因孙子病重，不得已才出卖以换取住院治疗费。

工程师拿起猫看了看，发现它好像是用黑铁铸就的。不过，他发现那一对猫眼是珍珠的。于是，他试探着问道："我给你300美元，只买下两只猫眼行吗？"

老妇人一算，觉得可以，于是就同意了。工程师高高兴兴地回到了宾馆，对逻辑学家说："我只花了300美元竟然买下两颗硕大的珍珠！"

逻辑学家看到那两颗大珍珠，少说也值上千美元，忙问朋友是怎么一回事。当工程师讲完缘由，逻辑学家忙问："那位妇人还在原处吗？"

工程师回答说："她还坐在那里。想卖掉那只没有眼珠的黑铁猫！"

逻辑学家听后，忙跑到街上，给了老妇人200美元后，把猫买了回来。工程师见后，嘲笑道："你呀，花200美元买个没眼珠的铁猫！"

逻辑学家却不声不响地坐下来摆弄琢磨这只铁猫，突然，他灵机一动，用小刀刮铁猫的脚，当黑漆脱落后，露出的是黄灿灿的一道金色的印迹，他高兴地大叫起来："正如我所想，这猫是纯金的！"

原来，当年铸造这只金猫的主人，怕金身暴露，便自作主张将猫身用黑漆漆过，俨然如一只铁猫。对此，工程师十分后悔。

此时，逻辑学家转过来嘲笑他说："你虽然知识很渊博，可就是缺乏一种思维的艺术，分析和判断事情不全面、深入。你应该好好想一想，猫的眼珠既然是珍珠做成，那猫的全身会是不值钱的黑铁所铸吗？"

哈佛学子约翰·亚当斯曾说："因循观望的人，最善于惊叹他人的敏捷。"面对意想不到的结局，工程师惊呆了。原来，逻辑学家换了一种思维想到别人所没有想到的，他只花了一点点钱就买到了一只价值连城的金猫。

还有这样一个故事：

一个食品加工商，租船从外地采购了大量的蔗糖和面粉，在回来的大海上遇到了强风和暴雨。结果，蔗糖和面粉全被淋得透湿，成了糖稀和面糊。面对突如其来的灾难，货主一时愁得吃不下饭、睡不着觉。可他并不甘心，寻思着这些糖和面还能派上什么用场。就在这时，他看到船主在烤铁板鱿鱼，眼看一片片鱿鱼在铁板上被烤成奇香四溢的佳肴，突发奇想：这些糖稀和面糊能否烤成一种奇特的食品呢？

当船主烤完鱿鱼，他立即把糖稀面糊的混合物放在灼热的铁板上。结果出现了奇迹，这些经过雨水浸泡而有些发酵的混合物，很快烤熟并意外地膨化开来。拿起一尝，这个正苦于开发不出新产品的食品加工商，激动地跳了起来……从此以后，世界上多了一种酥甜可口、风味独特而便于储运和携带的新式食品。

世界就是这么奇怪，突来的厄运往往伴随着潜在的灵感和机遇。关键是你要有善于化解的心胸、善于发现的慧眼和惯于思索的头脑。当你想到了别人所没有想到的，做到了别人所不能做到的时，那么你就会发现成功离自己越来越近了。

很多啤酒商都发现，要想打开比利时首都布鲁塞尔的啤酒市场非常难。于是就有人向畅销比利时国内的"哈罗"牌啤酒厂取经。哈罗啤酒厂位于比利时首都布鲁塞尔的东郊，无论是厂房建筑还是生产设备都没有很特别的地方。但该厂的销售总监林达是轰动欧洲的策划人员，由他策划的啤酒文化节曾经在欧洲多个国家盛行。 林达刚到这个啤酒厂的时候还是一个不满 25 岁的小伙子，那时他看上了厂里一个很优秀的女孩，然而那个女孩却对他说："我不会看上一个像你这样普通的男人。"

于是林达决定做些不普通的事情。 那时的哈罗啤酒厂市场份额正在一年一年地减少，因为啤酒销售的不景气而没有钱在电视或报纸上做广告。销售员林达多次建议厂长到电视台做一次演讲或者广告，但都被厂长拒绝。林达决定冒险做自己想做的事情，他贷款承包了厂里的销售工作，正当他为怎样去做一个最省钱的广告而发愁时，他徘徊到了布鲁塞尔市中心的于连广场。广场中心的铜像启发了他，广场中心撒尿的男孩铜像就是用自己的尿浇灭了侵略者炸城的导火线从而挽救了这个城市的小英雄于连。林达突然决定了他要做一件让所有人都意想不到的事情。

第二天，路过广场的人们发现于连的尿变成了色泽金黄、泡沫泛起的"哈罗"啤酒，旁边的大广告牌子上写着"哈罗啤酒免费品尝"的广告语。一传十、十传百，很快全市老百姓都从家里拿出自己的瓶子杯子排成队去接啤酒喝。电视台、报纸、广播电台争相报道。年底结算，该年度的啤酒销售产量是上一年的 18 倍。

林达成了闻名布鲁塞尔的销售专家。他的经验告诉我们：要想使自己成功的快一些，就要适当作一些别人没有做过的事情。

倘若你想成功，倘若你想让自己的人生更加丰富多彩，那么就尝试着去做一些别人没有做过的事情。也许，你在不经意间就收获了一份惊喜。

用信心去敲门 66

在激烈的竞争环境中，尤其面对人才市场的激烈竞争，一个人要想跻身于人才之林，获得更好的发展空间，就必须主动地自我推销，这是十分重要的。而自信是求职、成功推销自己的第一秘诀。不管你想从事什么样的职业，都要首先除去对该种职业的敬畏心理，要认为自己有资格担任那项工作，如果被雇用的话，会做得很好。这是求职必须具备的一项心理准备。

卡耐基在实践了一段时间推销教学课程的工作后，想再找一份推销员的工作。他换上崭新的衬衫，认真地打好领结，把皮夹克刷得干干净净，擦亮皮鞋，信心十足地走进了阿摩尔总公司的办事处。

阿摩尔公司的总裁洛佛斯·海瑞斯是一个典型的美国西部老头，行动迟缓，似乎与做事喜欢雷厉风行、干净利落的卡耐基格格不入，但他在工作时所表现出来的认真精神却让卡耐基钦佩不已。

"年轻人，我不管你以前做过哪些工作，但在我这里你还没有开始，所以你必须接受一个月的职前训练。"海瑞斯两道深邃的目光审视地看了他一眼，他对这个精神抖擞的年轻人印象不错。

"但是先生……"

"没有但是，从明天起你的周薪水是十七元三十一分，开始推销时外加食宿及旅费。"海瑞斯以不容置疑的口吻显示出认真工作时的非凡魄力。

"抱歉，先生，我宁愿另寻他处。"卡耐基尽管急需一份工作，但年轻人的血气方刚让他难以容忍海瑞斯这种独断专行的指令方式。他一边说着话，一边转身准备离开办事处。

"等等，年轻人！"也不知是出于何故，海瑞斯站起来挽留卡耐基。凭直觉，他感到这个年轻人一定能成长为一名出色的推销员，于是又语气温和地说："年轻人。不，卡耐基先生，我不得不告诉你，通常在我公司的求聘者只能按我的旨意行事，但这次我破例，愿意先听一下你的意见。坐下来谈吧。"

此时，卡耐基突然觉得自己刚才有些无礼，冲撞了好心的海瑞斯。实际上，每周十七元三十一分再外加食宿旅费的薪资是相当不错的待遇了。

卡耐基解释了他离开的原因，一个月的职前培训不符合他的工作风格，他希望能立即投入工作，不想耽误一分钟。

海瑞斯听完卡耐基的解释，一丝钦佩之情油然而生，从心里感到这个青年人有些与众不同。

海瑞斯犹豫了一会儿，反复考虑着卡耐基诚恳的建议，最后提起笔，迅速写下一行连体字，递给卡耐基："戴尔·卡耐基，南达克达区西部。"

这意味着，卡耐基凭借自身的自信说服了海瑞斯，找到了工作。

由此可见，要让别人瞧得起自己，先要自己瞧得起自己。不管你多么迫切地想要得到一份工作，也不应为此而委屈了自己，牺牲自尊。你要不卑不亢，自尊自爱。对于招聘方提出的要求，要大胆说出自己的看法，不要唯唯诺诺。

黄阿志刚到深圳，就兴冲冲地抱着简历去参加人才交流会。整个会场人如潮涌，唯有沃尔玛公司的展台前冷冷清清，与会场的气氛形成了鲜明的对比。

他好奇地走了过去，一看沃尔玛公司招聘启事上的内容，当即吓了一跳，招聘 20 名业务代表，却指明要名校的毕业生，并且还得有 3 年以上从事零售业的工作经验。条件这么苛刻，难怪没人敢贸然应聘。

黄阿志暗自揣摩了一番，虽然没一条够得上，可沃尔玛公司业务代表的工作对他却很有吸引力。于是，他把心一横，决定试一试，真要被拒绝，就当是一次锻炼好了。

他径自走到应聘席前坐下，那位中年主管匆匆瞄了一眼，面无表情地指了指那招聘启事问："看过了吗？"黄阿志点点头说："我看过，不过很遗憾，我既不是名校毕业生，也没从事过零售工作，只有大专文凭，还是电大。"

那位主管看他我好半天，才说："那你还敢来应聘。"

黄阿志微微一笑："我之所以还敢来应聘，是因为我喜欢这份工作，而且相信自己有能力胜任这份工作。"停了停，我又说，"如果求职者真要具备启事上所有的条件，那他肯定不会应聘业务代表，至少是公司主管了。"

说完，黄阿志把自己的简历递了过去，那位主管竟然没有拒绝，而是微笑着收下了。第二天，他接到通知，被录用了。后来才知道，那些苛刻的条件只不过是公司故意设置的门槛罢了，其实当黄阿志和主管谈完那些话之后，他就已经通过了公司的两项测试：勇于挑战条款的信心和勇气，以及分析问题的能力。

作为一名业务代表，每天都得与形形色色的商家打交道，如果那天黄阿志没勇气去敲沃尔玛公司的门，又岂能有勇气去敲那一个个商家的大门？

有时候阻碍我们前行的，既不是缺乏实力，也不是那些所谓的条条款款，而是我们自己的信心。

面对"退换"，用点耐心 **67**

很多人在遇到"退换"问题时，往往表现得很不耐烦，其实这种做法是非常错误的。当顾客要求退换产品时，售货员应该积极热情地对待顾客。从表面上来看"退换"确实给售货员带来了点小麻烦，但却得到了顾客的信赖，从长远来看，这是一个很大的收获，必定它有助于销售别的商品，而且也有助于为公司树立一个良好的商业形象。

有一位男职员，年底到商店为单位买奖品，顺便给小孩买了件衣服，回家后才发现妻子也给小孩买了衣服，比他买的好看多了，第二天他到商店退货，可是商店说什么也不退，惹得这位男顾客很生气，他对周围的人说："我再也不去那家服务不好的商店买东西了。"

曾经有人在商人"八训"中写道："当顾客买的东西因不合心意来退货时，应比卖货时更客气地对待。"这句话是非常有道理的，因为在很多时候售货员对买东西的顾客态度很好，然而一见退货就满脸的不高兴。再退一步来说，顾客买了不称心的东西心里自然不痛快，如果顾客退货时，售货员比卖货时服务态度还好，顾客会感谢你，也会提高本店的声望。

在商店里我们经常会看到这样一句话："削价商品概不退换"，这种告示看似精明实则愚蠢。如果这些商品因此都卖不出去又会怎么样呢？那不只是退回一部分的问题，而是全部成为滞销品，变成沉重的负担。应该鼓励退货，为了使买主买着放心，卖主卖着自信，商店应该做到保退保换。

然而在保证可以退换的时候，商店一定要对退换的条件加以详细的说明，告诉顾客什么样的商品可以退换，什么样的商品不能退换。在卖出的商品中，用过的，开口开盖的，弄脏的，就不能退换。售货员在谢绝退换的时候，一定要表现得和颜悦色，客客气气，讲明理由。

售货员在决定应该不应该退换时，首先应搞清楚顾客为什么要退换。顾客要求退换一般有以下四种情况：

1. 商品是残次品或被弄脏穿过的
面对这种情况，店方应该给顾客赔礼道歉和退换，因为这显然是店方的过错，与此同时，作为一个精明的经营者一定要查明原因，以便改进工作。

2. 买走后觉得不称心，像尺寸不合适或颜色不随心意

出现这样的情况责任全在于顾客，怨他自己没有挑好商品，但是，店方也不要责怪顾客，应该痛痛快快地给顾客退换。

3. 售货员介绍商品言过其实，强行推销

这种情况责任在店方，商店应好好检查一下指导思想和平时的经营方针，对职工进行优质服务教育。

4. 顾客一时心血来潮不想要了，没有充足的退换理由

这种情况，按理论应不予退换。但若没有用过，不碍出售，还是痛痛快快退换为好。

把话说到他人心坎里去 😊

　　作为一名出色的推销员，在推销过程中，说话要相当谨慎，要知道哪些话应该说，哪些话不应该说。该说的要说到什么程度。是喋喋不休的唠叨呢？还是只说几句以示暗示。需要牢记的是，不应该说的话千万别说出来。有的时候，要具体问题具体分析，要懂得随机应变，不能仅仅只拘泥于形式，拘泥于自己想出的应对策略。

　　到底哪些话是推销员应该说的呢？那就是表露自己诚恳的话，礼貌用语，表露自己自信的话，对顾客的奉承话，也要因顾客而异，不要牵强附会，这只会引起顾客的反感。还可以说一些令顾客得意的事情，随着顾客心理变化而说些转换气氛、有利于促进购买意愿的话等。

　　总而言之，凡是有利于推销，有利于赢得交易成功的话都应该说。但是需要注意的是，有些话不要说得太多，以免让顾客觉得厌恶。

　　说话是一门艺术，在人际交往中，说话的好与坏直接关系着交往的成功与否。作为一个高明的说话者，是一定懂得揣测对方心理，能够把话说到别人的心里去的，只有说话得体、动听才能达到成功交往的目的，才能赢得人心。

　　相传，有家父子冬日在镇上卖便壶。父亲在南街卖，儿子在北街卖。不多久，儿子的地摊前有了看货的人，其中一人看了一会儿，说道："这便壶大了些。"那儿子马上接过话茬："大了好哇！装的尿多。"人们听了，觉得很不顺耳，便扭头离去。在南街的父亲也遇到了顾客说便壶大的情况。当听到一个老人自言自语说"这便壶大了些"后，马上笑着轻声地接了一句："大是大了些，可您想想，冬天夜长啊！"好几个顾客听罢，都会意地点了点头，继而掏钱买走了便壶。

　　父子两人做同一种生意，却有不同的结果，其实根本的原因就在于会不会说话上。诚然，儿子只是实话实说，然而，他的话听起来太过粗俗让人觉得难以入耳，令人听了很不舒服。本来，买便壶并不是什么见不得人的事情，然而毕竟有些私密的因素在内。人们拎着个便壶走在大街上时，就多多少少有些不自在了。儿子光顾着自己说话，却没有想到顾客还有这份心理，所以他直通通的大实话总会让顾客多少有几分别扭。

而那个父亲就算得上是一个高明的推销商了。他比较了解顾客的心理，能够体会到顾客的难言之隐。所以，他在说话的时候是用了点技巧的，先赞同顾客的话，以认同的态度拉近与顾客的距离，然后，再以委婉的话语说"冬天夜长啊"，这句看似离题的话说得实在是好，它无丝毫强卖之嫌，却又富于启示性。其潜台词是：冬天天冷夜长，夜解次数多且又怕冷不愿意下床是自然的，大便壶正好派上用场。这设身处地的善意提醒，顾客不难明白。卖者说得在理，顾客买下来也就是很自然的了。

儿子一句话砸了生意，父亲一句话盘活了生意，这不正说明了"善讲"重要吗？

当你进行商品推销时，如果双方因话题中断而陷入沉默状态，这是一件非常尴尬的事情，对你的推销工作也是很不利的。此时沉默的时间越长，就会让人越觉得尴尬，以后就越难再继续你们的谈话，推销工作也就很难取得成功。

所以，当你觉得你们之间的话题不再容易继续下去，即将陷入僵局的时候，你就得想个法子赶快做个补救了，把你们的谈话尽量引入到大家有共同语言的方面去，这样双方才能更加顺畅地进行交流。此时，你最好能找一些问题来问顾客，活跃一下你们之间的谈话气氛，把你们的谈话继续下去。

那么，我们应该采取什么具体措施才能把话说到他人心坎里去。

1. 紧跟潮流、能说会听

对于初次见面者，如果找不到合适的话题，无疑会使双方感到尴尬，这时候，选择时下的潮流话题或大众普遍关心的话题，无疑是化解双方尴尬、拉近彼此距离的有效方法。当然了，即使我们对这些事情知道得再多，见解再独到，也不能说个不停，更多的时候，我们还是应该做个高明的听众，给人以谦虚和沉稳的形象。

2. 优上加优、锦上添花

这里所说的优点，是以对方为中心的某些令人感兴趣的话题，最好是对方的优点或引以为傲的东西，如对方的相貌、知识、家庭、服饰、技艺等，只要你善于发现，并恰到好处地表达出你的赞美，往往能够取得意外的效果。

3. 投石问路、有的放矢

有的时候，由于不了解他人的喜好，难免会有难以启齿的感觉，这时候，投石问路不失为一种好方法，既可以使人感觉到你的尊重，又能明了对方的兴趣所在。通常情况下，可以先抛出一枚"小石子"，如了解了具体情况时再适当发挥。比如在朋友聚会时看到陌生人时，可以先问他："以前没见过您，您是主人的老乡吧？"通常情况下，人们都会回答，并且会礼貌地回问，三言两语之后，双方的陌生感便大大降低，甚至一扫而光，接下来的事情就顺理成章了。当然了，如果运用不当，这样问话会给人造成"查户口"的印象，引人反感，因此应掌握其深度。

"想顾客之所想，急顾客之所急"是成功的经商之道。只要你站在顾客的一边，全心全意地为他们服务，肯定会博得顾客的青睐与赞赏。

日本的寺田千代乃决定成立一家搬家公司来挽救丈夫的货运公司。在一般人眼中，搬家行业只是一种盈利不高、很费体力的工作，不会有太大的出息。然而寺田千代乃却决心在搬家行业闯出一番新天地，她为自己的公司起名为"艺术搬家公司"。

"艺术搬家公司"的经营秘诀就是扩大服务的深度与广度，全心全意地为顾客着想。他们在给顾客提供服务时，不仅为他们提行李，还免费为他们提供除虫、清洁新居等服务。顾客反映道："他们非常细心地照顾我们的家具，而且服务很周到、方便。"寺田千代乃真诚地为顾客服务，终于闯出一条成功之路。

克莱克是个很有闯劲儿的年轻人，他在 25 岁的时候就开办了一家讨债公司，但是，公司虽然成立了一段时间，但还一直没有什么大客户，这使得他非常苦恼。克莱克知道，要想在竞争激烈的市场中求得生存与发展，没有大客户是不行的。于是，克莱克决心攻下自己所在地区的银行成为自己公司的大客户。

提到这个银行，克莱克就想起了高登先生。高登是银行的部门经理，他们曾经在一次朋友聚会上认识。想到这里，克莱克就给高登打了一个电话：

"如果我想做你们银行的生意，应该去找哪一位呢？"

"找卡特就可以了，他专门负责这事儿。"

"那么介意我提到您的名字吗？"

"当然不介意了。"

在谈话中，克莱克知道，卡特先生最看重介绍人，如果没有人介绍，任何找他做业务的人他都不会接见。

于是，克莱克就给卡特打了电话，电话刚接通，克莱克不等卡特发问，就抢先告诉他说："我是高登先生的朋友，是他介绍我来找您的。"可以说这句话对接下来的谈话非常有效，说了几句后，他们就约好了会谈的时间。

然而，会谈没有像克莱克想象的那么顺利。卡特一见到克莱克就说："现在我手中的讨债公司已经有很多了，有许多公司已经花费很长的时间向我极力销售，并都宣称自己的服务是最好的。请问，你的公司有什么特别之处吗？"

克莱克想了想，说道："目前所有的讨债公司都是采取业务提成的办法，最高的达到30%，这对你们来说，是相当大的一笔费用。我们公司将不采取这种办法，我们对每一笔债务只收取一个固定的费用，而且这笔费用并不高。"

然而，卡特对这个并不感兴趣，他摇了摇头。但碍于高登的面子，他还是与克莱克闲聊了一会儿。

闲谈中，克莱克知道了该银行的讨债业务只有10%由讨债公司处理，另外90%都由银行自己的讨债部门来处理。此时，克莱克话锋一转，不再把自己与其他讨债公司比较，而是谈起如果用自己的讨债公司来处理这些债务，相对于银行自己来追讨的话，要节约很多的费用。

卡特听得很入迷，看得出来，他对这个很感兴趣。

克莱克心中暗喜，接着就问了卡特几个关于银行管理的问题，试图从回答中再获得一些信息。从卡特的回答中，克莱克了解到，该银行现在面临着人员膨胀的问题，他们必须在业务繁忙的季节多雇佣20%的人，3个月之后又把他们解雇。

"您想想看，因为业务量大，贵行需要雇这些人，雇来后还要负责培训这些人，好不容易培训完了，到最后还得解雇这些人。每一个环节都要花费大量的费用，这实在不划算。"克莱克继续说道，"我建议贵行试试资源外购的办法，这样做不仅节约资金，而且效果也比较好。"

卡特听了很高兴，就同意交给克莱克1000名平均欠款为3000美元的客户，先试试他的方法。就这样，克莱克顺利地得到了一笔300万美元的大订单。

在这个故事中，克莱克没有与他的竞争对手硬碰硬，而是采取灵活的策略。在会谈刚开始的时候，卡特并没打算给他任何订单，但随着会谈的深入，克莱克了解了客户的难题，站在客户的立场上考虑问题，并提出了自己解决困难的办法，为客户节省了费用，从而轻易地获得了一笔大业务。

在现实中，很多销售员因为太关注自己的利益而忽视了客户的利益，其结果只能是使顾客反感。只有诚心诚意为客户的利益着想，才能赢得客户的尊重。那些业绩突出的销售人员之所以与众不同，就是因为他们比一般人更能为客户赢得利益。

有这样一个机械设备销售人员，费了九牛二虎之力谈成了一笔价值40

多万元的生意。但在即将签单的时候，发现另一家公司的设备更合适于客户，而且价格更低。

本着为顾客服务的思想，他毅然决定把这一切都告诉客户，并建议客户购买另一家公司的产品，客户因此非常感动。结果，这个人少拿了上万元的提成，还受到公司的责难，但在后来的一年时间内，仅通过该客户介绍的生意就达百万元，而且为自己赢得了很高的声誉。

由此可见，抓住客户的利益就抓住了客户的心。当能够做到为客户的利益着想时，可能会牺牲自己的利益，这时，最明智的办法就是放弃眼前的利益，以使自己获得更加长远的利益。只有重视客户的利益，客户才会重视你的利益。因此，要想实现成交，就要先重视客户的利益。

有一位女顾客到一个商店为孩子买奶粉。销售人员经过了解后，为顾客介绍了一种适合她的孩子吃的奶粉。此品牌奶粉当时正在搞活动，顾客买了两箱奶粉，随带的还有一辆"儿童三轮车"。销售人员帮顾客将所有的商品送到收款台。当时销售人员发现她没有别的同伴，而这么多东西又不好拿，因此当顾客交完款后，销售人员主动地对顾客说："请问您是怎么来的？有车吗？"

顾客面对销售人员的关心很是感动，对他说："谢谢你，我自己坐车来的，要坐三轮车回去。"于是，销售人员找了小车帮助顾客把商品送到了商厦门口，然后，为顾客看着商品，顾客去找三轮车。因为顾客的家离商厦比较近，而三轮车夫要价高，在双方未协商好价格的情况下，销售人员走上去对顾客说；"您稍等一下，我帮您找辆车吧！"顾客向他投来感激的眼神。接着，他为顾客找了一辆三轮车并谈好了价钱，帮助顾客把商品装好。当顾客坐上车后，连声向他道谢。

从那以后，这个女顾客成为这个店里的回头客。

从此我们可以看到：服务意识是可以随时体现出来的，只要我们随时有为客户服务的这种意识，才能真正地把客户当作自己的朋友，尽力满足顾客的需求。这样客户也会给客户留下美好的印象，让他们在潜意识中接受你销售的商品。

可以这样说，能为客户着想，是销售的最高境界。当客户意识到销售人员在想方设法、设身处地地给他提供帮助时，他会很乐意与其交往，更乐意与其合作。所以，在销售的过程中，只要销售员能够站在客户的立场上为他们的利益着想，并真诚地与他们进行交流，就会赢得他们的信赖，并使之成为长期而牢固的合作者。

让顾客高兴地去"上当" **70**

　　有两家卖粥的小店，每天的顾客相差不多。然而晚上结账的时候，左边的那家小店总比右边的那家多出两三百块钱，天天如此。细心的人发现，先进右边粥店时，服务小姐微笑着迎上前，盛了一碗粥，问道："加不加鸡蛋？"客人说加，于是小姐就给客人加了一个鸡蛋。每进来一个人，服务小姐都要问一句："加不加鸡蛋？"有说加的，也有说不加的，各占一半。

　　走进左边粥店，服务小姐也是微笑着迎上前，盛上一碗粥，问道："加一个鸡蛋还是两个鸡蛋？"客人笑着说："加一个。"再进来一个顾客，服务小姐又问一句："加一个还是两个鸡蛋？"爱吃鸡蛋的说加两个，不爱吃的就说加一个，也有要求不加的，但是很少。一天下来，左边这个小店就总比右边那个卖出更多的鸡蛋。

　　为什么会造成这种现象呢？这便是心理学上所说的"留面子效应"，又被称作"欲得寸先进尺"。心理学家认为，在提出自己真正的要求之前，先向对方提出一个大要求，遭到拒绝以后，再提出自己真正的要求，对方答应的可能性就会大大增加。

　　美国心理学家查尔迪尼曾经进行过一项"导致顺从的互让过程"的研究实验。他将一批参加实验的大学生分为两个小组，首先，对第一个小组的实验者说，要他们花两年时间担任一个少年管教所的义务辅导员。这是一件劳神费力的工作，而且没有任何回报。

　　结果，大学生们都以各种理由断然拒绝了。随后，他提出了另一个要求，让这些大学生带领少年们去动物园玩一次，需要耗时两个小时。结果有50%的大学生很爽快地答应下来。接下来，他向第二组大学生提出同样的要求时，却只有几人同意去动物园。

　　心理学家认为，"留面子效应"的产生，源于人们内心深处的内疚感。人们在拒绝别人的大要求时，感到自己没有能够帮助别人，辜负了别人对自己的期望，损害了自己富有同情心、乐于助人的形象，会感到非常内疚。这时，如果对方再次提出一个较小的要求，人们为了恢复在别人心目中的良好形象，也达到一种心理上的平衡，便会欣然接受。

"留面子效应"经常被一些精明的商人运用，把物品标出很高的价格，然后来个"出血大甩卖"，很多消费者都兴高采烈地去"上当"。在商场，时常遇有这样的情形。你逛了半天，好不容易相中了一件合意的衣服，一问之下，竟然需要 300 元。你看看作工，摸摸面料，估计它顶多能值 150 元。

你先保留自己的底价，对老板说这衣服就值 100 元，问他卖不卖？老板装作很生气的样子，提起衣服在你面前抖了抖，说：你看这款式，这料子，100 元我都拿不到。这时，你再告诉他，自己最多能出 150 元。两人软磨硬缠了半天后，老板便装作很痛心的样子跟你成交了。你自以为占了小便宜，正偷着乐呢。其实这件衣服真正就值 80 元，精明的商家暗暗地运用了"留面子效应"，欲得寸先进尺，让顾客高兴地"上当"了。

齐格·齐格勒是世界上最优秀的销售员。一次，齐格·齐格勒上门到一位客户家销售一种炒锅。就在他和客户快要谈拢生意的时候，该客户的儿子正好从外面回来。

男孩一看父亲选中的那口锅，马上说："不要这个锅。太难看了，用起来也不方便。"

男孩的父亲一听儿子这么说，马上就犹豫起来。齐格·齐格勒发现这个男孩只有十七八岁，知道他正处于自以为是的年龄阶段。但是从孩子父亲的反应来看，又发现孩子对他的影响是不容忽视的。齐格·齐格勒立刻意识到，这次销售成功与否的决定因素就取决于这个男孩了。

于是，齐格·齐格勒亲切地和男孩攀谈起来。他拿出产品的大样图纸给男孩看，让他挑选自己喜欢的锅的类型。结果，男孩一下子就看中了其中的一款，他指着那款小巧精美的锅兴奋地对齐格·齐格勒说："你瞧，这个多好，比我爸爸选中的那个好看多了。"

齐格·齐格勒看着那款造型漂亮，容量却很小的锅，微笑着对男孩说："是啊，这款锅的确漂亮。不过，会不会太小了呢？"男孩想了想，也认同地点了点头。

于是，齐格·齐格勒找出一款和男孩选中的款式相同，容量却更大的锅对他说："你觉得这个怎么样呢？和刚才你选的那款样式一样，只是更大些。呵呵，你这么高的个子，那只小小的锅恐怕还不够你一个人吃吧？"

男孩一听，挠挠脑袋，不好意思地笑了起来。最后，男孩和他父亲一致决定买下齐格·齐格勒为他们选中的那口锅。

有时候，我们会遇上这样的情形：眼看生意就要做成，半路却横生枝节，面对这种状况，可能很多销售员都不会高兴，恨不得立马除去这些干扰因素。当齐格·齐格勒遇到这样一个多事的孩子时心里不能没有埋怨，可是他却并没有表现出来。当他发现男孩对父亲有着极大的影响力之后，立马就意识到这个男孩成了他此次销售成败的关键，于是便马上把销售的重心转向了男孩。结果，齐格勒通过对男孩颇具亲和力的说服销售，最终打动了男孩，同时也打动了男孩的父亲，生意也自然而然做成了。

做销售工作要记住，让客户感到不被尊重或没有面子，对自己是有害无利的，因此，销售员一定要尊重客户，千万不要让客户觉得你目中无人。

有位老太太选好了两把牙刷，由于销售人员忙着又去接待另一位客户，老太太拿着牙刷就走了。

这时销售人员才想起还没收钱。

销售人员一看，老太太离柜台不远，于是略提高声音，十分亲切地说："太太，你看！"

老太太以为有什么东西忘在柜台上了，便走了回来。销售人员举着手里的包装纸，说："太太，真对不起，我忘记把您的牙刷包上了，让您这么拿着，容易落上灰尘，多不卫生呀。"

说着，接过太太的牙刷，熟练地包装起来，边包边说："太太，这牙刷，每支五角五分，两支共一元一角。"

"呀，你看看，我忘记给钱了，真对不起！"

"太太，我妈妈也有您这么大年纪了，她也什么都好忘！"。

面对这种情形，很多销售员可能会赶紧把顾客喊回来，尽管把钱收了，但却让客户很没有面子。而这位销售员用了一个小小的"迂回术"，很自然地把老太太请了回来，又很自然地把谈话引到牙刷的价格上，这样一点拨，老太太也就马上意识到了。在整个谈话中，这位销售员没有说一个发难的词，启发得十分自然，引导得十分巧妙，不仅收了钱，还让老太太很高兴。试想一下，倘若她不懂得使用"迂回术"，而是对着刚离开柜台的老太太喊一声："哎，您还没付钱呢！"这样做也未尝不可，但对方会十分难堪，也难免会发生争吵。

聪明的销售员要想做到尊重客户，在沟通中还要尽量做到以下几点：

1. 包容他人的观点

如果销售人员能容忍与客户的看法相左的观点，客户就会觉得他们的观点值得一说也值得一听。其实，越是能容纳别人的观点，就越能表明自己尊重她们。如回答"您的观点也有道理"等。

2. 别抢话也别插话

每当销售人员要表明自己的观点时，要记住别插话，否则就会给人以这样的印象，您觉得他的话不值一听。正确的做法是，可以默默记下想要说的话或者是关键词语，就能保证不至于忘记自己的观点，以便在适当的时机跟客户表明。这样的话，客户就会觉得自己很受尊重，也会更从心底里接受销售人员提供的产品。

3. 千万别戳穿客户的假话

因为人性之中都有虚伪的一面。面对客户的一些假话，不管是善意的，还是恶意的，销售人员都不要去戳穿它，自己心里知道就行了，否则就是伤了客户的自尊心，结果可想而知。很多人都以为自己能够戳穿别人的假话为自豪，其实，这不过是小聪明而已，在销售工作中，这绝对是个大忌讳。

百货公司的柜台前站着一个要求退货的顾客，态度非常坚决。

"这件外套我买回去后，我的丈夫不喜欢它的颜色，觉得样式也一般，我想我还是退掉为好，我可不想让他不高兴！"女顾客说。

"可是上面的商标都已经脱落了。"

售货员在检查退回的衣服时发现上面的商标已经被磨掉了，而且她还发现外套上有明显的干洗过的痕迹。

"哦！我记得当时买走的时候好像就没有，我保证我绝对没有穿过，因为我丈夫一见到它就说它难看。之后我再没有碰过它，直到今天我把它送来！"女顾客依然坚持要求退货。

看着上面干洗过的痕迹，售货员随机应变地说："是吗？您看会不会是这样，是不是您的家人在干洗衣服的时候把衣服拿错了？您看，这件衣服确实有干洗过的痕迹。"

售货员把衣服出示给顾客看："这衣服本来就是深色，脏不脏很难看出来，说不定误拿了，我家也有过一次这样的情况。"说完，售货员温和地笑了。

顾客一看，只好也跟着笑了，说道："啊！一定是我家保姆送错了，不好意思"。

机灵的售货员用迂回的方法，不仅顺利解决了问题，而且让顾客心悦诚服。作为聪明的销售人员，就要学会保全客户的面子，不管客户做出了什么，都要对其表示尊重。

赚钱不是人生的唯一目标 **71**

人生可以有许多追求，如果你狭隘地将人生的追求设置为赚钱，那你人生的底蕴必定会非常单薄。

在很多人的心目中，一个成功的人，就是一个能赚钱的人，金钱，成为衡量一个人成功与否的标准。

其实，人生的追求可以有很多选择，成功的方式也多种多样，最成功的人不一定是最能赚钱的人，能赚钱的人也不一定非常成功。总之，不要把赚钱当成你人生的唯一目标。

一位在纽约华尔街附近一间餐馆打工的中国留学生，每一天下班后总是对着餐馆大厨说："总有一天我会打入华尔街。"大厨好奇地侧过脸来询问他："你毕业后有什么设想？"中国留学生答道："当然是马上进跨国公司，前途和钱途就有保障了。"大厨又说："我没问你的前途和钱途，我问的是你将来的工作志趣和人生志趣。"留学生一时语塞。

大厨叹口气嘟囔："要是继续经济低迷，餐馆歇业，我就只好去当银行家了。"中国留学生差点惊了个跟头，他觉得不是大厨精神失常，就是自己耳朵幻听，眼前这位自己一向视为大老粗的人，怎么会跟银行家扯上关系？大厨盯着惊呆的留学生解释说："我以前就在华尔街银行上班的，日出而作，日落却无法休息，每天都是午夜后才回家，我终于厌烦了这种劳苦生涯。我年轻的时候就喜欢烹饪，看着亲友们津津有味地品尝我做的美食，我便乐得心花怒放。一次午夜两点多钟，我办完了一天的公事后，在办公室里嚼着令人厌恶的汉堡包时，我就下决心辞职去当一名专业美食家，这样不仅可以满足挑剔的肠胃，还有机会为众人献艺。"

工作是为了什么？仅仅只是为了钱吗？那将会让自己变得越来越不快乐。为了志趣工作，也许收获的金钱会少一些，但却收获到了用金钱无法买到的乐趣，那位餐馆大厨的话的确发人深省。

著名的金融家摩根喜欢赚钱，他对赚钱甚至达到痴迷的程度。

他有一个习惯，每当黄昏的时候，就到小报摊上买一份载有股市收盘的当地晚报回家阅读。当他的朋友都在忙着怎样娱乐的时候，他却不以为然地说："有些人热衷于研究棒球或者足球的时候，我却喜欢研究怎么赚钱。"

在谈到投资的时候，他总是说："玩扑克的时候，你应当认真观察每一位玩者，你会看出一位冤大头，如果看不出，那这个冤大头就是你。"

他从来不乱花钱去做自己不喜欢的事情，他总是琢磨赚钱的办法。

有人开玩笑说："摩根，你已经是百万富翁了，感觉滋味如何？"

摩根的回答让人玩味："凡是我想要的东西而又可以用钱买到的时候，我都能买到，至于其他人所梦想的东西，比如名车、名画、豪宅我都不为所动，因为我不想得到。"

摩根并不是一个为金钱而生活的人，甚至不需要金钱来装饰他的生活，他喜欢的仅仅是游戏的感觉，那种一次次投入资金，又一次次地通过自己的智慧把钱赚回来的感觉，充满了风险和艰辛，但是也颇为刺激，他喜欢的就是这种感觉。

在生活中，有些人将赚钱当作人生的终极目标，其实对于很多有钱人来说，赚钱的过程不过是接受挑战的过程，是一个寻找生命意义的过程。对于普通人来说也是如此，我们是要养家糊口，但是不能因此就成为金钱的奴隶，而是要驾驭金钱，做它的主人。

有一年的夏天，天气特别炎热，一群铁路工人正在月台边的铁道上汗流浃背地工作，一列火车缓缓开了进来，打断了他们的工作。

火车停了下来，有一节车厢的窗户打开了，车厢内的空调系统散发出阵阵冷气。这时有一低沉、这时有一个低沉、友善的声音从窗口传了出来："乔治是你吗？"

乔治是这群工人的负责人，听见熟悉的声音，他高兴地回答说："是我，是迈克吗？见到你们你真高兴。"

迈克是铁路公司的总裁，乔治和他是非常好的朋友。两个人开心地聊了一会儿，不久，火车继续起程，两人只好依依不舍地握手道别。

火车远离后，工人们立刻包围了乔治。他们非常好奇乔治竟然和公司总裁相识。乔治得意地解说，二十年前他和迈克是同一天上班，一起在这条铁路上工作。

这时，有人调侃乔治，问他为什么现在仍在大太阳底下工作，而迈克却成了铁路公司的总裁。

乔治惆怅地说："因为，二十年前我只是为了一小时 1.75 美元工作，迈克却是为了这条铁路而工作。"

　　当你把赚钱作为人生的唯一目标时，你的人生将会失去前进的动力。你只是为了金钱而工作，这种态度就注定了你不可能成为出类拔萃的人物。因为此时此刻，你已经失去了工作时应有的敬业精神，而变得急功近利，只想着如何获得金钱，而忘记远大的理想。

　　当然并不是说工作不需要金钱来维持，也不是说我们可以不靠金钱生存，而是我们应该提醒自己，要把金钱当作工作的回报，相信付出得越多，金钱自然回报得越多。

　　没错，钱不是万能，但没有钱也万万不能。只是，过度计较一元二角时，你是不是失去了更大的财富——种再多金钱也无法买到的未来？

　　就像安德鲁·卡内基所说的，赚钱是最坏的目标。只要你能把眼光先放在间接财富上，知道追求理想更重于获得金钱，先累积间接财富，直接财富就会源源不断地来到你身边。

　　当你知道追求的目标就在最高的地方，并朝着目标一步一步爬上去，认真扎实地累积你的每步，那才算是走在成功的道路上。

72 对待财富的正确心态

　　财富课是哈佛大学最具特色、最受欢迎的成功人生课程。哈佛大学商学院的金·克拉克院长、斯蒂芬·考夫曼博士、戴维·贝尔博士、理查德·特德洛博士等十几位学者，都曾经主讲过财富课程。哈佛的财富课，强烈地感染了几代哈佛学子，为人们开启了一片以全新的理念认识财富、获得财富的自由天地，深深影响了千千万万个美国的家庭，使得数百万人从中受益，被誉为是"21世纪的人生必修课"。

　　哈佛的教授们这样教导人们："财富的成果可以继承，而财富的创造却无法遗传。""每个人都具有财富的潜能，每个人都能实现财富的梦想。只要你从现在开始努力。"

　　哈佛从来不排斥财富，不仅鼓励学生们追逐财富，而且哈佛的管理者们也这样要求自己。哈佛大学获得的捐赠基金居全美高校之首，至2008年6月，基金总额已高达369亿美元。这笔庞大的资产由隶属于哈佛大学的哈佛管理公司管理。近10年来，哈佛管理公司始终保持着15.9％的年均回报率，而表现平平的大型机构基金的年均回报率仅为10.1％。凭借这一骄人业绩，哈佛大学额外获得了122亿美元的收益，这几乎与美国高校财富排行榜的亚军——耶鲁大学所获得的捐款旗鼓相当。

　　哈佛管理公司之所以能取得如此丰硕的成果，是因为它运用的投资策略与普通投资者截然不同。哈佛管理公司采用优秀投资组合模式，在投资组合中几乎没有单纯的常规项目。哈佛管理公司买到了最优秀的对冲基金。哈佛对这些基金的投资占到公司投资总额的12％，通过这样的安排，公司希望以后无论股市如何涨落，自己都能获得可观的收益。

　　对于每一个人来说，贫穷都是一种失职。对自己来说，没有物质基础作后盾就无法充分展现自己的能力。对于所爱的家人来说，没有钱就无法成为一个好丈夫、好父亲，也不能尽心地孝敬父母。没有实际行动和物质作为表达，仅仅凭一颗爱心无法为妻子提供温馨的房屋，为孩子提供良好的教育，更无法安排老人的晚年生活。

1985 年，26 岁的吴鹰还没有成为 UT 斯达康公司的总裁，只是一个在美国求学的穷学生。当他踏上美国的土地，在机场迎面遇到一位美国小女孩："先生，请您献一点爱心，救救非洲儿童吧。"吴鹰从口袋里掏出几十美分准备投到捐款箱中，却被小女孩拦住了，"对不起，募捐最少标准是 2 美元……"这个标准让吴鹰有点迟疑，因为他来美国后身上的全部费用只有 30 美元。就在吴鹰还在考虑要不要继续捐款时，小女孩开口了："先生，原来你不是日本人啊。"然后小女孩就一脸不屑地走开了。

吴鹰赶紧追上小女孩，她不耐烦地问他想干什么。"我只是告诉你，我是中国人！"吴鹰边回答边将两美元放进了募捐箱，并说："不是只有日本人才会捐献。"小女孩不好意思地说："对不起，负责人事先跟我们打过招呼，千万别找中国人募捐……"

这件事让吴鹰深受刺激，认识到贫穷是一种耻辱，如果一个国家贫穷，那么整个国人也会脸上无光。

如今的中国早已不是八十年代初期的样子，经过这十几年来的发展，我国的经济得到了飞速发展，在整个世界的经济结构体系中都占有举足轻重的地位，特别是 2008 北京奥运会的举办，更是令世界对我们刮目相看，脱去贫穷外衣的中国，正在大步向最富有国家靠近。

所以，不管是对一个国家还是一个人来说，富有都是值得夸耀的。犹太人将贫穷视为耻辱，认为一切罪恶都是起源于贫穷，而富有是自由、安定的基础。这个观点在日常生活中可以得到印证。很多的事例都证明了，犯罪与贫穷存在一定的关系，当贫困人数上升时，犯罪活动也会增加，反之，犯罪活动则会减少。

如果一个人一生都处于贫穷的状态，那么他的人生是不完整的。因为没有钱就会为了谋生而去做自己并不喜欢的事，即使是有远大的抱负和美丽的梦想，也只能暂时为了区区五斗米而折腰。一个人无法实现自己梦想的最大原因往往就是缺乏金钱。

贫穷还是导致各种不和谐现象的主要原因，据统计，大部分家庭的破裂，第一大因素是因为钱。俗话说的"贫贱夫妻百事哀"，这句话已经被统计学所验证。

因此，如何致富，如何获得足够的经济资源，对于每个人来说也是一种最基本和最重要的责任。所以，崇富是一种非常必要的积极心态。

但是，很多人因为对金钱本身缺少认识，从而产生鄙夷和仇视的心理，所以，要建立崇富的心态，首先必须正确地认识金钱。在日常生活中，金钱有着举足轻重的地位，其至到了没有钱就寸步难行的地步。所谓"君子爱财，取之有道"，正当赚钱，用自己的头脑、劳动等赚钱，让自己家人过得幸福，这不仅不可耻，还是很光荣的事情。同时，我们也需要认识到，所有与金钱有关的不合法、不道德、堕落的现象，其罪魁祸首并非金钱，而是由金钱滋生出来的贪婪和无知造成的。金钱是人类思想的产物，它并不具备任何感情色彩，也不会对任何人产生不利影响。消除了对金钱的偏见，才会认为崇富是一件理所当然的事情。

自己就是金钱的主人 73

　　现代人每天都在为生活疲于奔命，他们的目的都是为了赚钱。有些人甚至以此为人生目标，拜倒在金钱脚下，为金钱所奴役。他们快乐吗？当你看到他们疲倦的身体和愁眉苦脸的表情，就能得到答案。我们工作固然是为了生计，但应该还有比工资更为重要、更为丰富的内容。

　　因此，我们在找工作时要看能从中学到什么，而不是只看能挣到多少钱。在选择某种特定的职业之前，或者在陷入为生计而忙碌工作的"老鼠赛跑"之前，要先仔细看看脚下的道路，弄清楚自己到底需要获得什么技能。

　　一个职业人，不论你选择了什么工作，都要培养自己成为金钱主人的创富能力。一旦你开始为支付生活的账单而整天疲于奔命时，就和那些蹬着小铁笼子不停转圈的小老鼠一样了。老鼠的小毛腿蹬得飞快，小铁笼也转得飞快；可到了第二天早上醒来时，它们依然是困在"老鼠笼"里。而只有那些立誓做金钱主人的人，才能逃出这种牢笼。

　　约翰没有儿女，但却经营着一份不小的产业。这份产业经过日积月累已经具有相当大的规模了，这也使他变得非常有钱。他今年六十五岁了，独自一人住在一间大房子里。

　　每天天一亮，他就赶紧起床来经营自己的产业，拼命地赚钱，一刻也不肯停下。当他成为当地最有钱的人时，他依旧穿着破旧的衣服，吃着粗茶淡饭，从来不肯轻易花掉一美分的钱。

　　他身边也曾出现过不少优秀的姑娘。但是当他想到举办婚礼要花费许多金钱时，就放弃了结婚的念头。平时也会有一些人向他借钱，但他总是一毛不拔，毫无商量地一口拒绝。

　　有一天，有一个穷人来找约翰。他可怜巴巴地说："我的母亲一直病卧在床，妻子身体虚弱，干不了重活。今年的收成又不好，我家已经揭不开锅了，而且昨天我的小儿子又生了，您能借我一些钱吗？我一定会好好报答你的。"

　　约翰一脸冷漠地说道："不，我没有钱可以借给你。"

　　"我可以把女儿嫁给你，她是个淑女，能够勤俭持家。您就做做好事吧，救救我们全家吧。您有那么大的产业，怎么会没有钱呢？"这个人苦苦哀求着约翰。

"我不想娶你的女儿，也没有钱借给你。"约翰依旧冷漠地说道。

但是穷人还是不肯放弃，约翰被缠得没有办法，于是从室内拿出了一美元。他一边往屋外走一边拿回手中的一些钱，等他走到屋外时，手里只剩下十美分了。

他紧闭双眼，把十美分递给了穷人，表情极其痛苦，并且对借钱人说道："我把全部的家当都拿来资助你了，你可不要把这事跟别人说啊。"

穷人伤心地流着眼泪说："这十美分，你让我拿去做什么呢？你也太狠心了呀。"

约翰的眼泪也掉了下来，但他心疼的是他的钱。

几个月后，约翰去世了。因为他无儿无女，没有继承人，所以他的产业和积累的财富全部被收入了国库。

金钱是我们幸福生活的基础，但是生活在世界上不是为了金钱。你必须努力使自己拥有金钱，但不能让金钱支配你的生活。约翰的故事告诉我们，永远不要成为金钱的奴隶。你应该记住，追求金钱是没有错的，但是把金钱当成生活的全部，并且让它们支配你的生活是极为愚蠢的。

金钱的确可以给人们带来很多方便，因此人们觉得它珍贵。但是，除了金钱之外还有很多值得我们珍惜的东西。人的生命是短暂的，光阴如白驹过隙，我们应该使自己快快乐乐地生活下去。应该明白，赚钱只是生活的过程，而追求幸福才是生命的最终目的。毋庸置疑，把赚钱当成自我追求目的的人，他的一生是悲哀的。人们常说某人穷得只剩下钱了，说的就是这个道理。

金钱不是生活的全部，生活的贫穷并不可怕，可怕的是思想的贫穷。追求金钱没错，错的是在追求金钱的过程中沦为了金钱的奴隶，为了金钱而丧失自我。

巴尔扎克就是最典型的金钱的追逐者。他一生都在追求金钱，但是命运注定了他与金钱无缘，金钱一直都未曾光顾他，使他成为百万巨富。但幸运的是，巴尔扎克并没有沦为金钱的奴隶。在那个金钱决定一切的时代，巴尔扎克命中注定要在金钱的魔影中生活，他无法选择，无力超脱。但他是"为写作而赚钱，绝不是为赚钱而写作"。

关于巴尔扎克的贫穷，还有这样一个有趣的小故事：一天夜里，一个小偷钻进了巴尔扎克的房间，在他的书房里乱摸。巴尔扎克被响声惊醒，他悄悄地爬起来点亮蜡烛，然后十分平静地微笑着对那个一脸惊慌的穷小子说：

"亲爱的，别找了，我白天都不能在这书房里找到钱，现在天黑了你更别想找到啦！"从这个小故事中，我们不难看出巴尔扎克的良好心态，他并没有因为没有金钱而苦恼。

当一个人面临金钱考验的时候，他的个性就会显现出来，是贪婪，还是豁达。常言道，欲速则不达，心急吃不了热豆腐。只为钱而活着，有的时候却很难得到它。这就好比艺术，一心为了金钱而从事艺术工作的人，往往有所成就的并不多；反而是那些把它当成一种兴趣爱好，并不希望靠它赚钱的人，最后得到了丰厚的回报。

一个欧洲观光团来到一个叫亚米尼亚的原始部落，部落里有一位老爷爷专做草编。他的草编非常精致，一位法国商人被深深地吸引住了。商人想，要是将这些草编运到法国，巴黎的女人肯定喜欢！想到这里，商人问这位老者："这些草编多少钱一件？"

"10比索。"老爷爷回答。

"天那！这么便宜！"商人欣喜若狂。"假如我买10万个一模一样的草帽和10万个一模一样的草篮，那么多少钱一件呢？"商人还想把价钱再往下压一点，这样就可以赚到更多钱了。"如果是这样的话，就得20比索一件！"老爷爷不动声色地回答道。

"什么？"商人几乎不能相信自己的耳朵！"这是为什么？"

"为什么？"老爷爷生气地说："做10万件一模一样的草帽和10万件一模一样的草篮，我就做不了其他任何事情，它会让我乏味死的！"

面对生活，我们也许会有许多困惑，心想只要拥有了金钱，就可以拥有权利、美色、名利……于是，我们被它牵引着脚步，渐渐背离了生活的本来意义。其实，有时候你得静下心来认真地想一想，在一个人的生命里，还有什么比自由的心灵更重要呢？

哈佛学子认为，一个真正懂得生活的人，他会明白，活着并不是为了赚钱，生活中还有很多更重要的东西。如果让赚钱本身将生活填得满满当当，容不下其他，即使有再多的钱，生活也不会过得幸福。真正具备生活智慧的人不是苦行僧，虽然会追逐财富和享受，但他们永远都不会做金钱的奴隶。

我们说，情感无价、青春无价、健康无价、生命无价……无价的东西实在太多太多，所以，不要一味地为了金钱，而失去了生命的意义。学会驾驭财富吧，不要做金钱的奴隶；学会享受生活吧，让你的生命更有意义。

74 改掉挥霍金钱的习惯

想买件衬衣，价钱降下来了，你正在考虑到底要不要买它！买辆汽车吧？现在购买优惠 2 万元……

我们都曾经站在这种该不该消费的十字路口不下数百次，而当我们终于决定要去买某件东西时，总会有"是不是还有更好的方法来花这笔钱"的感觉。这种感觉，通常不太明显，而且是下意识误解的，却常会破坏获得东西，或是享受那项服务时所得到的乐趣。更糟糕的是，买下这东西后，就让我们口袋空空，这笔钱或许原本可让我们用来做更好的消费、储蓄或投资呢！

那么，我们怎样做才能避免挥霍金钱的习惯呢？一个解决的办法，就是以积极的态度来用钱，从而取代消极的态度，或只是一味想要戒除坏习惯所采用的种种徒劳无功的方法（就像一味地要求吸烟者或减肥者不去吸烟或不去吃东西一样）。圣地亚哥国家理财教育中心提出了"选择性消费"的观念，就像上述情况，你不应该对自己说："我该不该买这东西？"而应该问："这东西值的价钱，是不是在我这个月花钱的预算金额内？是否正是我所能花的钱？"换句话说，你要问头问问自己，到底多么想花这笔钱来买这东西，而不仅仅是问自己能不能花这笔钱。

"我不应该花这笔钱"——是理财专家所谓的"消极的办入"，因为它是消极的讯息，容易被忽略，这也是人类的心理。然而积极的输入会迫使我们合理化自己的购买行为，如"这东西颜色很漂亮""这东西正在打折"和"我真的很想要东西"等的说法，就是一些很普遍的例子。

其实，若透过选择性的消费，你想要花钱的本能还是能够得到满足的。这就像一个正在减肥的人必须减少卡路里的摄取，但每天却又可以吃一点冰激凌一样，你不必试着去完全改变生活方式，而且也不必强迫自己克服心理上的排斥感。

千万不要以为选择性消费很简单，其实它并不简单，它需要不断的练习。给自己一些选择，先列出物品的优先顺序，然后再列出一个购物清单（当我们去超市时会列出清单，为什么买其他东西时不会如此？）。问问自己，用同样的金额，还可以购买哪些东西？至少去比较 3 个不同商品的价格、服务和品质，你将看到会有什么事情发生？你的消费是可以掌控的，无视于习惯、冲动或者是广告，你将能够购买真正想要的东西。如果养成了这个习惯，能够聪明地消费并存下所省下来的钱，也可能成为富翁。

在你还没有养成选择性消费的习惯时，必须先知道怎么处理你的金钱。通常在人们还没改变消费习惯之前，是不会开始储蓄的。除非你能增加所得，否则多存一点，就必须少花一点。为了养成选择性消费的习惯，首先要改变以下 6 个错误的消费习惯：

1. 冲动的消费

你是不是一个冲动的消费者？如果是，那必须先来算算这个习惯的成本。试想如果每一周都冲动的买个价值 150 元的东西，一年下来得花 7800 元。当然，偶尔还是要慰劳一下自己，但也不要太过分。如果经常有人陪着购物，并且还鼓励你去买超过预算的东西，那么，最好还是自己一个人去购物。

2. 消费的时间不恰当

买刚刚才送到商店里的衣服或当季的货品，是很昂贵的。事实上不久后，价钱就会降下来，特别是在销售情形不佳的季节里。其实可以等到新产品 (如计算机、电脑和电子设备等) 开始降价时再买，替自己省下些钱。

3. 购买爱情或权力

有些人将爱情和花钱视为相等的事，这是错误的想法。每当他们因为忽略了他人而有罪恶感，就会去买贵重的东西来显示自己的关心；有些人则会以花钱作为武器，排解自己的压力或沮丧的心情，譬如说，他们如果对另一半发脾气，就会跑到最近的购物中心去大肆消费，以作为一种惩罚。

4. 买"错"了东西

购物货比三家可以省钱，如果你想要买家用器具，参考一下《消费者报导》之类的刊物，其中有各种品牌、形式和等级的说明介绍。有些公司自营商品的品质，事实上和某些名牌是同质品，因为他们都是由同一家制造商所制造的。

5. 买个方便

省时的速食代价不菲。比如说，一个知名品牌的冷冻面条，要比同样分量的一般面条要贵上 2 到 5 倍的价钱。为了省时和省钱，最好煮了一批后，将剩下来的冷冻起来。另外，便利商店的东西也是比较贵的，因为它们的货物加成费用比超级市场里的加成高。如果经常在便利商店购物，一年下来，两者的消费金额相差可能有数百元之多。

6. 买个身份地位

信用卡的使用方便，常会使人立即当场就购买商品或服务；有些人在和朋友或亲戚比较物质生活时，会昏了头。在很多人的心目中，金钱和占有就等于成功。追求身份地位的人，会去买较贵、较好的东西，要靠家里房间的大小或者是衣服的品牌标签，来证明他们比别人更成功。

想独享财富，意味着失去财富。要慷慨地和他人分享，要给予。分享是一种精神，他会感染人，从而聚集更多的机会和财富。财富如水，分享是渠，分享才是财富的根本价值。

人生的每一样财富都值得重视，值得你花时间去创造，倘若你只是一味地追求金钱而忽略其他方面，其实你就是在不断流失财富，你将变成世界上最穷的人。

财富可以是物质的，也可以是精神的。财富并不完全等于金钱和权力，要正确地认识自己的人生价值。金钱是财富，财富不只是金钱。我们应选择财富，珍惜财富，做真正富有的人。

分享是一笔隐形的财富，聪明和技巧都留不住它，只有当你成为一个乐善好施，能冲破自私的桎梏的人时，它才会从四面八方向你聚集。

有时候，在应该与他人分享财产、知识、业绩等东西的时候，能够做到克服虚假的情感比触动我们的钱包更为困难。而财富是上天的恩赐，给予或收取都在我们的掌控之中。

把自己的东西主动拿给别人分享，这需要勇气，体现的是仁爱和宽容；而积极地分享别人的思想，则意味着尊重，体现的是民主和合作。

杰西·奥尼尔有一个鼎鼎大名的祖父——通用汽车公司前总裁查尔斯·威尔逊。她在佛罗里达州的一栋豪华别墅里长大，从小锦衣玉食，仆人对她言听计从。

她很早就懂得"有钱能使鬼推磨"这句话的意思，同时也发现金钱好比咒语，能让拥有它的人生活糜烂、心情压抑，甚至失去奋斗目标。在年少不羁的年代，奥尼尔把家族财富当成一种负担。她的两个堂兄妹就因为终日抑郁最终走上自杀的绝路，她自己则一度酗酒成性。

"人们发现我很有钱之后，我们的关系就发生了变化，这让我苦恼，"她说，"因此我通常保守这个秘密。"然而，奥尼尔在不惑之年第一次感受到金钱带来的快乐。她邀请10个朋友登上自家的豪华游艇，一起在加勒比湾欣赏海上风景。"那是一次有意义的经历，"她说，"我打算把更多的钱分给别人。"

奥尼尔 1996 年在自己的书作《金色隔都》中分析道，财富在带给人物质享受的同时也可能制造不幸。她随后设计了"富贵病工程"，专门为那些富有但不会处理与财富关系的人"会诊"。治病方法就是与他人一同分享财富。

后来，成功走出财富阴影的奥尼尔忙于很多社会公益活动。她为"富贵病工程"建立了工作室，在各地发表关于如何避免遭受财富之累的演讲。她还毫不吝惜地从祖父遗产中拿出千百万美元，捐献给各种环保项目和政治活动。

奥尼尔更愿意把自己的所作所为看作一种使命。"我觉得我生来就应该做这些事情。追求金钱并非一个有价值的生活目标"她笑着说，笑容中平添了几分睿智与淡泊。

奥尼尔出身于富贵之家，但他懂得与人分享财富的道理。当她把钱分给需要帮助的人们，她便真正地得到了人生的快乐。原来，与人分享财富亦是一种智慧的选择。

比尔·盖茨是哈佛最有出息的人物之一。他的头顶上有很多光环——微软创始人、世界首富。现在，美国财经杂志《福布斯》又给了他一个光环——世界上最乐于慈善事业的人。盖茨将他 37%、价值 283 亿美元的财富用于各种公益事业。在做善事的过程中，比尔·盖茨收获到了许多比金钱更重要的东西。

小时候，他和父亲推着板车去镇上卖西瓜，西瓜刚推到镇上，天空中霎时就阴云密布，要下雨了。他沮丧得很，西瓜卖不出去了，还要推回去。这时，父亲说："我们可以把瓜免费送人。"于是，父亲带着他来到沿街的门市，一家给搬了两三个西瓜，人家纷纷用诧异的目光看着他。父亲说："要下雨了，西瓜不好卖，分给大家吃啦。"有人说："那你不是亏了吗？我拿钱给你。"

父亲摆摆手，说："西瓜送给你们，我还赚个轻松，要是推回去，明天不新鲜，又不好卖了。"

那天，他们一无所获地回去了。可是后来，他们再来镇上，西瓜总是第一个卖完。因为他们那次送人家西瓜，人家记着他们的好，也因为父亲的话，大家也都相信他们的西瓜最新鲜。

多年之后，他拥有了一家食品工厂，他依然记得当年和父亲卖西瓜的事。

金融危机爆发，他的工厂被迫停产，产品积压在仓库里卖不出去。他召集工人们开会，说："现在工厂停产了，我把工资都结给你们，另外每个人都可以挑上自己喜欢的食品带回家。"

那些食品是出口的，价格不菲。工人们乐得不行，大包小包地带回家。工人们带走的毕竟是少数，他又把食品送给附近的居民，送给有业务没业务的商店和超市。

市场复苏了，他的工厂订单出奇的多。好多工厂都遭遇用工荒，招不到人。而他的工厂，工人们蜂拥着前来报名，既有老工人，也有慕名而来的新工人。因为他的免费赠送，让更多的人知道了他的工厂。他立即投入生产，并扩大生产规模。

与其守着"财富"，看着它们变质，不如免费送给需要的人。免费和赚钱，从来就不是矛盾的。舍得让别人分享自己的"财富"，一颗善良的心，可以让我们赢得更好的未来。

76 贪婪是一口陷阱

莎士比亚曾经说过这样一句话：意志是无限的，但实行起来却往往有许多不可能；欲望是无穷的，然而行为必须受制于种种束缚。这句名言受到了哈佛大学的推崇，他们要求自己的学生能够正确对待"欲望"，千万别掉入了贪婪的怪圈，从而无法自拔。

在我们身边有这样一些人：他们什么都想得到，什么都不愿放弃，而且得陇望蜀，不知满足，结果落了个竹篮打水一场空的结局。现代社会是一个物欲横流、充满竞争的社会，我们心中的欲望，便被挑逗得像是看见红色斗篷的斗牛；看着别人暴富的经历，我们很容易产生跃跃欲试的心理；时尚名牌漫天飞，哪能心如止水；宝马香车招摇过市，你的心早已蠢蠢欲动；更不能忍受的心痒是别墅洋房的诱惑……

所以，我们很容易被世上的名利、金钱、物质所迷惑，心中只想得到，只想将其统统归己有，而不想舍弃，更舍不得放下。于是心中就充满了矛盾、忧愁、不安，心灵上就会承受很大的压力，以至于活得好累，好累。

许许多多的俗人把自己牢牢地捆绑在欲望的战车之上，然后马不停蹄地向前奔跑。于是，不断膨胀的物欲、工作、责任、人际、金钱几乎占据了现代人全部的空间和时间，有时候甚至连吃饭、喝水、睡觉的时间都没有。他们总是想赚更多的钱、找更好的工作、升更高的职位、住更大的房子、开更豪华的车子等等，然而一旦拥有之后，很多人反而会产生一种迷惘的心情：花了半生的力气去追逐这些东西，表面上看来该有的差不多都有了，可是为什么自己却并没有变得更满足、更快乐？

从前有个农民靠打柴为生，长年累月辛苦劳作，仍然无法改变自己穷困的处境。他早就不记得自己曾在佛前烧了多少炷高香，祈求佛祖降临好运，帮他出苦海。佛祖果然慈悲，有一天，山民无意中在山地里挖出了一个百十来斤重的金罗汉，转眼间他过上了自己梦想中的生活，又是买房又是置地，而他的朋友一时间也增加了很多，他们纷纷前来向他祝贺。

可是这个农民只高兴了一会，接着又犯起愁来，看他愁的像个丧气鬼，

213

他老婆劝了几次都没有效果，不由得高声埋怨起来。

"你一个妇人家怎么能理解我的愁事呢？怕人偷只是原因之一啊。"农民叹了叹气，用双手抱起头来。

"十八罗汉我只挖了一个，其他的十七个不知道在什么地方？要是那十七个罗汉一起归我所有，那该有多好啊！"这才是他犯愁的最大原因。

富兰克林说："知足使贫穷的人富有；而贪婪使富足的人贫穷。"想想看，这个故事中的农民会面临什么样的命运呢？贪婪带给他的只有贫穷。这个故事也许有所偏颇，但是现代社会的很多人又何尝不是如此呢？贪欲会随着自己想要的东西的数量一直增加，倘若不控制住自己的膨胀的心理，那么会越来越大，像热气球一样，而痛苦也会随着欲望变得越来越多。

人的欲望是难以得到满足的，原本以为贪心能让我们得到更多，但事实往往非但不能如愿，反而会丧失原来所拥有的。

据说，蜈蚣本来只有四只脚，能跑善跳，每天抓虫子吃，虽然有些辛苦，终归还可以填饱肚子。但当它看到其他昆虫有六只脚就感到心理不平衡了，千方百计祈求神多给它两只脚，让它能捉更多的虫子吃，神满足了它的要求。六只脚的蜈蚣跑得比以前更快了，它就想，脚越多跑得便越快，于是它又祈求神再多给它几只脚。慢慢地，蜈蚣的脚越来越多了，从四只脚到八只脚，从八只脚到十只脚，最后蜈蚣就有了二十一只，可蜈蚣却没有跑得更快。由于脚太多，彼此互相牵制，蜈蚣再也跑不起来了。

贪得无厌得来的是什么后果呢？蜈蚣由于太过贪心，最终落得个悲惨的结局。

在人类的历史长河中，那些满腹功名利禄的有几人登上过命运的顶峰呢？贪欲，是他们背在心灵里的沉重包袱，是悄悄潜伏在他们命运脚下的深深陷阱。他们如果不是被沉重的贪欲压倒，便是陷入贪欲的陷阱里永远无法自拔。但是，那些不计名利的人，他们胸怀阳光，心荡清风，他们没有心灵的包袱，人生的峰巅迟早会捧起他们的双脚，让他们成为生命的高峰。

贪婪是人生的陷阱，贪婪是人生道路上的障碍。丢掉贪欲，丢掉我们命运的包袱，只有这样，我们命运的步履才会轻盈，我们才能抵达人生的顶点。

曾从报上看到这样一个令人感慨的新闻：

美国前国务卿在步入政坛之前，是在哈佛大学执教多年的教授。后来，他出任了美国总统安全顾问、国务卿等高级职务，离开了教授岗位。按美国大学的规定，凡从政者不能兼职，必须辞去教授职务，他虽依然具有大学教授任职资格，但不再是哈佛大学的在职教授了。

基辛格从美国国务卿职位上卸任后，很想回哈佛大学再担任教授，但他同时提出不给学生上课。结果，基辛格的这个要求被哈佛大学婉言谢绝。原因是他不履行教授任课职责的教授，哈佛大学是不需要的。对此，时任哈佛大学校长博克教授解释道："基辛格是个学识渊博的人，论私交，我和他的关系也不坏。但我要的是教授，不是不上课的大人物。"

从基辛格遭到哈佛大学的拒聘这件事上，可以看出哈佛大学的务实精神。众所周知，基辛格博士作为资深政治家、外交家，曾担任过多年政界高级职务，政绩不凡，大名鼎鼎，学识和学术水平不同凡响，有相当的社会知名度和影响力。但是，哈佛大学却只看求职者的任职条件，不太拘泥于他的阅历和资历及社会背景，更不看他当年所担任过的什么高级官衔。不管你是谁，资历再老，名气再大，只要你不给学生上课，不履行教授的义务，就不再聘任你。也就是说，哈佛大学不要虚设和挂名的教授和学者，也不用名人来包装和修饰自己。对基辛格这样的曾担任政界要职的大牌人物，哈佛也照样不给面子。

泰国有个叫奈哈松的人，一心想成为腰缠万贯的大富翁，但是，他并没有付出辛勤的劳动，而是相信炼金术会给他带来财富。他把全部的时间、金钱和精力都用在了炼金术的实践中。不久，他花完了家里所有的积蓄，一家人连饭也吃不上了。妻子无奈，跑回娘家诉苦，她父母决定帮女婿改掉恶习，于是找来奈哈松，对他说："我们已经掌握了炼金术，只是现在还缺少炼金的东西。""快告诉我，还缺少什么东西？""我们需要 3 公斤从香蕉叶下搜集起来的白色绒毛，这些绒毛必须是你自己种的香蕉树上的，等到收完绒毛后,我们便告诉你炼金的方法。"奈哈松信以为真,他回家后立即将已荒废多年的田地种上了香蕉,为了尽快凑齐绒毛,他除了种自家以前就有的田地外,还开垦了大量的荒地。

当香蕉成熟后,他小心地从每张香蕉叶上刮下白绒毛,而他的妻子和儿女则抬着一串串香蕉到市场上去卖。就这样,经过时年的辛勤劳动,他终于收集够了 3 公斤的绒毛。这天,他一脸兴奋地提着绒毛来到岳父母的家里,向他们讨教炼金术,岳父母让他打开了院中的一间房门,他立即看到满屋的黄金,黄金中间还站着妻子和女儿。妻子告诉他,这些金子都是用他 10 年里所种的香蕉换来的,听了妻子的话,奈哈松恍然大悟。从此,他脚踏实地,辛勤劳作,终于成了一方富翁。

看了这个故事,也许有人觉得奈哈松的想法太不切实际,这世界上怎么可能真的存在炼金术呢?但是,生活中却有很多人犯了和奈哈松一样的错误,在这个浮躁的年代,很多人宁愿相信一夜暴富的神话,也不愿意脚踏实地的付出努力,存在这种想法的人不和奈哈松一样吗?他们不明白,一夜暴富凭借的是运气,并不是每个人都会那么好运的;而脚踏实地的付出努力,不管运气如何,最后都能够取得成功。

霍华·休斯曾被喻为美国"飞机大王",他曾是控制美国的十大财团之一的老板,也是美国环球航空公司的董事长。

这位董事长是有名的务实,为什么这么说呢?先看一个关于他创业初期的小故事。

有一次,霍华·休斯和另一位美国的大富豪福斯先生开车往飞机场去,他们边开车边谈生意。福斯在滔滔不绝地谈起一笔 2300 万美元的大生意,并说要设法做成它。休斯听了福斯的话,二话没说,紧急将车停在路旁,因停车的速度较快,车上的人差点被甩出来,然而休斯却并不理会这些,赶着往路旁的一间药店走去。

福斯不知怎么一回事,只好在车上坐着等候。一会儿,休斯回来了,福斯困惑不解地问休斯干什么去了。

"打电话,"他说,"我把我在环球航空公司(他自己拥有的公司)的那张票退掉。因为我要陪您乘另一班机。"他答完后又接着说起福斯刚才提起的那单生意。

福斯笑着说:"我们正在谈着 2300 万美元的大生意,而您为了节省 150 美元的机票,一声不吭地把我放在这儿下去打电话了,这么急停下来差点要把我们撞死了。"

休斯却认真地回答："这 2300 万美元的大生意能否成功还是个问题呢，但节省 150 美元却是实实在在的现款。"

休斯的观点和中国的一句古话有着异曲同工之妙，即"一鸟在手胜过两鸟在林"，这并不是人们说的小气、抠门，而是注重效益，不浪费一分钱，正是在竞争中积小胜为大胜的道理，也是稳扎稳打，降低经营成本即增加收入的道理，是务实的表现。

一个务实的人，会从小处着眼，大处着手，即使有着远大的目标，但是也不会放弃眼前容易得到的小利益，不要小看小的生意，有句话叫船小好掉头，小生意成交起来比较容易，虽然制单、发货、运输等方面显得费心些，但积少成多，钱毕竟是有赚的。所以看重小生意的人往往能够积少成多，将财富的雪球越滚越大。

所以，从现在开始，放弃所有的不切实际的想法，脚踏实地的用自己的努力和智慧去赚钱。财富要靠人创造，金钱不会从天上掉下，这个世界上根本就不存在天上掉馅饼的好事，任何一个富翁的发家史，都凝聚着他们的血汗、智慧。他们从贫穷走富裕，都曾付出艰辛的劳动，所以，我们看到的不仅是那些巨额财富，还有他们的务实，他们对成功和财富的不懈追求，这才是真正值得学习的。

心病还需心药医 76

　　人们在生活中会经常遇到一些让人心里难受甚至上火生病的事情，而这样的事情经常不是很累的事情，也不是烦琐困难的事情，而是一些困扰内心的事情。这种困扰内心的事情经常是一些自己不想去做但是又不得不去做的事情，或者是自己内心犹豫不定的事情，或者是让自己内心爱恨交织的事情，或者是让人受委屈的事情……总之，这些事情很让心灵受到折磨，这样的事情容易造成心病。心病还须心药医，只有把心中的结解开，才能够把心病解决。

　　据统计，目前全世界有70%的人死于恶性肿瘤、心、脑血管疾病等心身疾病。今天，危害人们健康最严重的疾病已经不再是传染病等生物学意义上的疾病，而是与心理、环境和与社会相关的心身疾病。世界卫生组织也不断警告说，心身疾病已成为人类健康的主要威胁。

　　在医学上，心理卫生的概念就是指人的心理处于一种健康的状态。由于消极不良的心理状态刺激导致生理机能的失调，进而导致生理病变，这便是心身疾病；消极不良的心理状态刺激导致高级神经活动失调，从而导致各种疾病的发生，这便是精神性疾病。心理疾病和精神性疾病统称心理疾病。

　　世界卫生组织这样为健康定义：一个人只有在躯体、心理、社会适应和道德4个方面都健康，才能说是完全健康。于是，社会对于发生在人群中的心理问题格外关注起来。

　　有关研究机构对几个大城市的在校学生进行了一次调查，有20%—30%的大、中、小学生都存在不同程度的心理卫生问题；另外一项研究表明，98%的城市人渴望增加交流机会。

　　哈佛心理学家认为，一个人的心理状态常常直接影响他的人生观和价值观，甚至直接影响到他的某个具体行为。从某种意义上说，有时候心理卫生比生理卫生更加重要。

　　有一位叫张娟莉的患者慕名找梁医生看病。诊断桌前，病人把病历、检查报告单一一摆在桌面上。自述："半年来没有食欲，几家医院检查后都说是肠胃神经官能症，开的是香砂养胃丸、谷维素之类的药物，可服药后没甚效果。"

梁医生看她一脸倦容，为她进行了详细的常规诊断，查阅了检查报告，和蔼地问道："你近来有过心情不愉快吗？""半年前，我母亲突然去世精神受挫，之后便不想吃饭，睡觉也不好，整天没精神，我担心肠胃生了大病，唯恐不可救治。"

"你是因为失去亲人过分悲哀了，需要从根本上消除食欲欠佳的心理因素。"接着，梁医生给她讲了调整心理和饮食习惯的几点注意事项，她的悲哀在一定程度上有所缓解，但对自己吃不下饭肚子不舒服还是处于紧张害怕之中。梁医生继续耐心地和她沟通着，并且讲述了一位类似病人的就诊情况。

碰巧张娟莉与梁医生治愈的那位患者相识。她对梁医生说："那人我认识，他现在身体很好，就是他介绍我来找您看病的。我连跑几家医院也没遇到有一个医生能像您这样给我看病的。听您这么一讲，我心里亮堂多了，对治病也有信心了。"

没过多久，张娟莉身体就有了明显好转。当她找到梁医生表示感谢时，梁医生告诉她："医生有了慈悲之心，才能认真地看病。既要会看身体上的病，也要学会解开病人的心结。这样才会有好的治疗效果。"

哈佛学子认为，不要头痛医头，找出病因才是根本之道。有时候治病不仅仅要针对躯体本身，更要找出致病的根本原因。这样，身体才能够得到完全的康复。张娟莉的例子告诉我们：不仅要注意生理卫生，更要注意心理卫生。

从前，有个翰林名叫邝子元，患有严重的心疾。每逢毛病发作的时候，他总是昏昏沉沉，胡言乱语，好像在做梦一样。

这个毛病让邝子元背上了沉重的思想包袱，他的心情越来越压抑。后来，有人向他推荐说："真空寺有位善于医治心疾的老僧，医术精湛，你不妨请他看看。"

邝子元接受了这个建议，专程到真空寺去求医。

老僧听他说完病状，就分析道："施主的病起源于烦恼。有了烦恼，便会产生妄想。妄想是一种看不见、摸不着的东西，生得突然，灭也突然，禅家称之为'觉心'。古人说过：'不怕念起，只怕觉迟。'假如你能把妄念驱除干净，让心里洁净得像虚空一样，烦恼又到哪里去落脚呢？"

邝子元连连点头，觉得老僧说得很有道理。老僧又继续说道："你的病根乃是水火不交。得这种病的人，通常都是白天沉迷美色，禅家称之为'外感之欲'；夜里思念美色，禅家称之为'内生之欲'。不管是外感之欲还是内生之欲，只要让这两种欲念绸缪染着，就会很快地耗尽人体之精。如果你能与美色一刀两断，肾水自然会逐渐自升，上交于心。此外，还有两种障碍需要克服：一是读书写作太投入，以至于废寝忘食，禅家称之为'理障'；二是日常事务太繁忙，以至于思绪纷乱，禅家称之为'事障'。"

听到这里，邝子元忍不住问道："请教师父，读书写作是我的兴趣爱好，日常事务是我的工作职责。如果这两样算是'障碍'的话，我怎么去克服呢？"

老僧解释道："这两样虽然不是人欲，但也会损及性灵，所以也是障碍，必须克服。当然，不是叫你不要读书写作，也不是叫你不管日常事务；而是合理调整，适可而止，见好就收。这样心平气和下来，心火不上炎而下交于肾水，肾水复升腾而上交于心火，从而形成一种水火既济之象——你的心疾也就痊愈了。"

邝子元觉得老僧的话确实有一番道理，于是便连声称谢，作揖告辞。老僧将邝子元送出山门，分手时，又送他一句话："苦海无边，回头是岸。"

邝子元本是个聪明人，过去一直被欲、障所迷，心窍堵塞，现在被老僧用话头一点拨，便豁然。回家后，邝子元遵照老僧所嘱，独居一室，扫空万缘，静坐了一个多月，心疾不治而愈，而且再也没有复发过。

邝子元得的是心病，真空寺老僧自然得用心药来医治他了。他找出了病根，分析了得病的原因，指出了病症的危害，提出了治疗方案。从头至尾，都是佛理与医理的结合，可谓是"三句不离本行"。他的话句句在理，说得病家心服口服，照他的话去做，心疾就痊愈了。

随着社会的进步，越来越多的人开始注重精神的愉快、内心的安宁与和谐。在西方发达国家，19 世纪 50 年代以来. 精神卫生几乎成为——种群众性的运动，人们把看心理医生也当成了一种时尚，心理医生也成为最受欢迎的职业之一。随着我们国家经济高速发展、人们生活节奏加快、人际交往以及生活方式的变化，追求 心理健康将会成为新的时尚。

79 减轻压力的几种方法

我们当中的很多人都过着快节奏、高压力的生活，工作强度高，家庭责任重，无疑我们有时会感到压力极大，并且无法控制自己的生活。我们每个人的生活中都少不了压力，但如果没有得到控制，它会严重影响我们的身心健康。幸运的是，我们可以控制自己的生活，放慢生活节奏，并抑制压力的产生。

压力不仅仅来源于令人不快和烦恼的事件。一些积极的事件（如结婚、新入职、怀孕等）也会使我们紧张起来。

压力也不是完全无益。实际上，在很多时候，压力可以使人体准备好快速应对逆境，从而保护自己。当人类所处的环境要求他们对威胁做出快速的身体反应时，这种对抗或逃避反应曾使人类得以生存下来。

现代社会的问题在于，即使我们的生命不处于危险状态，我们身体体内的应激反应也会定期被触发。应激激素的慢性刺激会损害人体健康。

头痛、胃肠道功能紊乱、皮疹、脱发、心跳紊乱、背痛及肌痛等症状都可能与压力有关。

对压力的感知在很大程度上因人而异。刺激您朋友神经的东西可能对您没有丝毫影响，反之亦然。换句话说，最重要的不是您身上发生了什么事情，而是您如何对发生的一切做出反应。

在哈佛，有这样一个奇特的风景：每个学期期末考试开始的前一天，在半夜12点整，会有一些本科生聚集在哈佛小院中尖叫着裸奔两圈，以此来迎接第二天的期末考试。这些学生当众裸奔有以下两个理由：

如果当众裸奔都不怕了，期末考试还用怕吗？

如果身体都不受束缚了，思想还会被束缚吗？

"裸奔"在英文中是"原始的尖叫"（Primal Screaming），以这种尖叫来发泄自己的情绪，尽情放松整个学期下来那已绷得极度紧张的大脑神经。

在美国的名牌大学读书，压力很大，据调查显示，哈佛70%以上的学生都患有不同程度的抑郁症，他们千方百计地寻求摆脱压力、释放压力的方法，裸奔就是一种他们认为较有效果的方法。

哈佛教授也常常告诫学生，生活不是苦难的修行，面对诸多的压力，要懂得管理压力，更要学会放下压力，保持轻松快乐的心态。

那么，除了有点另类的"裸奔"外还有什么实际可行的方法能够帮我们减轻心中的压力呢？

1. 改变对事物的认识

有这样一个故事非常发人深省：一个老太太有两个女儿，大女儿卖伞，二女儿晒盐。为两个女儿老太太差不多天天发愁。愁什么？每逢晴天，老太太叹息：这大晴的天，伞可不好卖哟！每逢阴天，老太太又发愁：这阴天下雨的，盐可怎么晒？老太太整日愁眉苦脸，终于积虑成疾，真是可怜天下父母心。两个女儿倒也孝顺，四处求医，幸遇一智者，口授一方曰："晴天好晒盐，老太太应为二女儿高兴；阴天好卖伞，老太太应为大女儿高兴。这么转念一想，保你没忧愁了。"老太太依计而行，果真变愁为乐，日渐心宽体健起来。

细细品味这个故事，对我们该有很多的启迪。人生快乐与否，在人不在天，在人不在物。天和物是我们自己很难控制的因素，而我们却能控制自己去如何看待生活。因此，遇事我们要把眼光放宽，不仅看到它不利的一面，还要看到它有利的一面。

2. 承认自己能力有限

许多人都要求自己达到十全十美的目标，但这并不实际。有史以来，从没有一个人是完美的，不管他的实际表现如何。那种过高的追求，使一些人总感到自己不够好。因此，我们需要为自己设定渐进的、可能达到的目标，要实事求是地为自己设定一个可能完成的工作量，还要学会拒绝接受自己不可能完成的附加任务。

3. 一吐为快

也许你正为孩子的升学考试而坐立不安，也许你正为职称晋升而担忧，不妨说出你的焦虑。有时家人和朋友的支持会成为一个阻挡压力事件的缓冲器，当你把问题说给他们听之后，压力就被表达出来。如果你认为自己确实出现了心理问题，可以寻求心理医生。请记住，借酒消愁是不可取的，寻找出气筒只会损坏你的人际关系，增加新的压力。

4. 把自己的感觉写下来

如果你找不到人听你倾诉压力事件，你可以试着把你的想法和感觉写下来。一些研究发现，那些把自己烦恼的体验、想法和感觉写下来的人能够更好地适应压力，这类人中较少出现身心疾病。

此外，还可以通过体育运动，静思、冥想、深呼吸放松等方法，解除你的心理压力。

5. 通过体育锻炼来解决您的烦恼

有氧运动对身心大有裨益。它可以使人产生安宁感并减轻应激反应。您并不需要去跑马拉松；每周进行三次持续 20 分钟的锻炼就足够了。那么就让自己休息一下，出去散步、游泳、骑车、慢跑、跳舞或者进行其他体育锻炼。如果您不经常进行体育锻炼，或者存在严重的健康问题，请在锻炼之前先咨询医生。

6. 抽出时间放松自己

每天至少花 15 分钟来放松自己。有必要的话将休息时间排进日程表或计划表，因为放松心情与任何其他安排一样重要。

缓解肌肉紧张的放松运动很有帮助。方法是吸气并收紧一组肌肉，然后呼气并放松肌肉。接着再对下一组肌肉重复同样的过程。从脚趾开始，慢慢运动到您的脸部。

7. 缓慢地深呼吸

进行平稳缓慢的腹式呼吸可以使您在压力状态下平静下来，从而更加清楚地思考问题。尝试以下短暂的呼吸放松方式：一边吸气一边数到五，屏住呼吸并数到五，然后一边呼气一边数到五。再重复一次。（但是，不要重复太多次或数到五以上，否则会导致过度呼吸。）要有耐心。也许这需要进行一些练习才能做到；尤其吸烟者可能存在困难。

给自己的心情放个假 80

　　现代人由于生活的快节奏而导致工作压力大、生活压力大，所以经常像车轮一样高速运转——忙着工作，忙着生活，忙着奔波，忙着谈情，忙着说爱，忙着伤心，忙着伤痛，忙着……大家都在为活着忙碌着，有时甚至连星期日和节假日也是争分夺秒、加班加点地忙啊忙。当一个人感到"累"的时候，他的心情一定比他还"累"。所以有一点不顺心，一点不如意，就会感叹、感慨，心情就会跌落下来，就会满腹牢骚、满腹伤感。无论你做什么事情，你的心情永远忠实地追随着你。绷紧的弦会断，穿久了不换的鞋也会因疲劳而过早磨损。而一个人的人生却是一条漫漫长路，很多的事情都不可能一蹴而就。随时给自己的心情放个假吧，让心去旅行。

　　记得有一则《蜗牛散步》的寓言，讲的是上帝给了人一个任务，叫人牵着一只蜗牛去散步。蜗牛已经在尽力地爬了，但每次总是只能挪动一点点。人拉它，催它，吓唬它，责备它，甚至踢它，蜗牛仍然不紧不慢地往前爬。人在极端疲惫、懊恼之余，开始向上帝抱怨，为什么叫我牵一只蜗牛去散步？"上帝啊！为什么？"人朝着天喊，天一片安静。人没有办法了，只得任蜗牛慢慢往前爬。此时，人忽然闻到沁人心脾的花香，听到鸟鸣，看到晶莹的露珠在树叶和草茎上闪烁，人困惑了——路边原来有这样美丽的花园，为什么我以前没有看到？莫非是蜗牛在带着我散步？

　　"为了看看太阳，我来到世上。"巴尔蒙特说得好，"我来到这世上是为见到太阳和高天的蓝辉，我来到这世上是为见到太阳和群山的巍巍，我来到这世上是为见到大海和谷地的多彩……"人生有童年、少年、青年、壮年、老年，每一个年龄段都有其绚丽灿烂的风景，"好花不常开，好景不常在"，人生的每一个阶段都一去不复返。"体验阳光，体验美丽，体验幸福，体验纯净，体验温馨，体验柔情，体验思念和怀想"，这样的精神世界实在太有魅力了。

　　有一位著名的实业家每天承担巨大的工作量，可是从来没有人能够替他分担一点点。在整日的繁重的工作之余，他每天还得提着一个沉重的手提包回家，包里装的都是必须由他亲自处理的急件。

紧张劳累的工作，使得这位实业家身心疲惫不堪，他不得不去医院进行诊疗。医生给他开了一个处方：每天散步两小时；每星期空出半天的时间到墓地一趟。

这位实业家对此迷惑不解："为什么要在墓地待上半天呢？这与我的身体健康有什么关系吗？""因为……"医生不慌不忙地回答："我只是希望你四处走一走，瞧一瞧那些与世长辞的人的墓碑。身处墓地时，你仔细思考一下，他们生前也与你一样，认为全世界的事都得扛在自己肩上，如今他们全都长眠于黄土之中，也许将来有一天你也会加入他们的行列。然而整个地球的活动还是永恒不断地进行着，而其他世人则仍是如你一样继续工作着，丝毫不会因为谁而改变什么。整个世界年年月月就如此循环着，永无止境。"

实业家明白了其中的道理，生命的意义不在于紧张、忙碌，应适当放松、缓解，有了放松的身心，生活才会更加美好。

从医院回来后，实业家放慢了以往匆忙的脚步。沉重的手提包，在上班时间一过，就被他慎重地搁下，晚饭之后，他会携同妻儿一同散步，按照医生的叮嘱，也会抽出一些时间去墓地冥思。当他在做这一切时，他感受到仿佛有人在静静听他诉说那不堪重负的压力，安慰他那压抑的心灵。从前那种累累重压的苦闷一下子被驱除了，这种轻松的心态也使得这位实业家在事业上平步青云，在生活中乐观开朗。

在匆忙工作之中，给自己的心境放个假，让它充分享受放松带来的愉悦。别总以为把内心装得满满的就是充实，其实卸下心灵的负荷更是一种幸福。

哈佛图书馆墙上的训言："狗一样地学，绅士一样地玩。"这句话告诉我们了一个道理：要学就痛痛快快地学，要玩就痛痛快快地玩。在哈佛，虽然学习强度很大，学生们承受着很大的学习压力，但他们也不提倡学生把所有的时间都用来学习。哈佛的理念就是要求你在紧张的学习和工作后，能够暂时地完全忘记它们，像投入工作那样投入玩耍，尽情地放松。的确，在你尽心休闲的时候，所得到的体力和精力的恢复会为你下一阶段的奋斗增添无穷的动力。所以，在前进的路上，你不仅要勤奋努力，更要学会放松。

给自己的心情放个假，让心去旅行，你就可以欣赏到美丽的画轴，抬头望一望辽阔的天空，看白云在一望无际的蓝天飘荡；听鸟儿无拘无束悠扬婉转地歌唱；看花儿娇艳妩媚地开放；闻一闻花朵儿清幽淡雅的芬芳。听一听雪花儿在风中飘舞吟唱；观雨丝在风中纷飞坠落；看树叶在风中翻飞飘游；看海鸥在海上展翅飞翔；聆听海鸥清脆的啼鸣。登山赏云蒸霞蔚；乘舟看长河落日；沐浴渭城朝雨；倾听拍岸涛声。赏鱼翔浅底、锦鳞游泳；领略红日初升的磅礴；体验"猿啼三声泪沾裳"的悲痛。你会让纤夫肩上的绳索勒住你的肩膀；用心灵看到暴风骤雨后的美丽彩虹。随时给自己的心情放个假，让心去旅行，是自我意识中的放飞。透过明媚的阳光和新鲜的空气，可以使自己的心灵多了一分恬淡、明静和从容。

适当的时候，给自己的心情放个假吧，尤其是在职场中奋力拼搏的朋友，整天的工作、家庭、孩子，终有一天你会被累垮，适当地放松一下自己，到大自然的怀抱中回归自己，你会拥有另一番美妙的生活！才会让你再次拥有属于他的平静。面对自己看到的一切，你才会发现历史的美丽之处和沧海桑田的奇妙，如果没有了时间冲刷，世上的一切将是多么苍白而贫乏，真的不用在感叹岁月吹白了我们的头发。在如此让人心旷神怡的广阔天地里做个深呼吸，让心去旅行，让心去感受美好的一切，让心去感悟人生的真谛！

人生苦短，善待自己吧，不为名利累，随时给自己的心情放个假，为了更加美好的生活。让自己的心飞到遥远的天空和白云做伴；让自己的心站在布达拉宫；让自己的心泡在天山的瑶池里；让自己的心在草原上飞奔。哪怕是短暂的片刻也好，给自己的心情放个假。给自己留一点品味生命的时间，在忙忙碌碌的同时，也随时给自己的心情放个假，不要错过人生旅途中的每一道靓丽风景，充分享受人生的美好，尽情享受人生的快乐和欢笑，让我们生活得更潇洒、生活得更畅快、生活得更幸福、生活得更舒心，始终不丢失轻松的节拍，不让人生留有遗憾。

81　学做自己的心理医生

　　当今社会，激烈的竞争、文化的冲突和物质的诱惑无时无刻不在扰动着我们的心灵，我们常常感到忧愁、焦躁、不安、愤怒。人们也尝试用物质的方式进行调整，但往往并不能奏效：健身运动并不能减轻心中的忧虑；旅游归来没多久依然心身疲惫；柔软的水床并不能带来安逸的睡眠；豪华的房间也消除不了夫妻的纷争。

　　于是有人提出，现代人要学习一种新的生存技能——学做自己的心理医生，帮助自己化解工作与生活中的各种心理压力。

　　做自己的心理医生，说简单一些就是提高自己心理调节的能力，说复杂一些，就是在自己的意识里要有一个特殊的角色，拥有精神中的"第三只眼睛"，理智地观察自己情绪的变化，寻找心理扰动的原因。就像西方传说中每个人都拥有的"守护天使"，在关键的时刻给予自己智慧，帮助自己正确应对纷繁复杂的现实，不至于迷失方向。

　　俗话说：解铃还须系铃人。个人患了心理疾病，旁人的理解和支持固然重要，但关键还是在于自己有否走出心理困境的意愿，你只有鼓起勇气，才能够走出生天。很多心理疾病患者一味地消沉，一味地钻进牛角尖里不肯出来，跟外界没有交集，最终不能自拔，事情很麻烦，后果很严重。

　　看过一个故事：有一个老妇人，她有两个儿子，一个卖布，一个卖雨伞。雨天的时候她担心卖布的儿子生意不好；晴天的时候她担心卖雨伞的儿子生意不好。于是她整天闷闷不乐，有一天一个人对她说：雨天你就想卖伞的儿子生意好，晴天你就想卖布的儿子生意好。老太太听闻豁然开朗，于是天天有了快乐的理由。

　　这就是看问题的角度不同造成的差异。

　　有人说看了心理医生杂志，本想找解脱的，结果看下来病情反而重了；也有人说看了杂志，了解了更多的心理学知识，对自己的人生大有裨益。愚昧的人会拿自己去套各种症状，于是发现自己毛病巨多，于是乎越看越害怕；

聪明的人会跳出来客观地看问题，有则改之，没有的话则防患于未然。对心理学知识懂得多一点，了解得更透彻一点，不是什么坏事。

每个人的背景不同，看问题的观点和角度也会千差万别，多从积极的角度去看待周遭的一切，心态放轻松些，待人处事就会从容许多；而整天黑脸黑面，好像全世界都欠了自己的，那样你如何有好心情去做事呢？这样只会进入一种恶性循环，让自己的生存环境变得更糟，不病才怪！

就像小伤小病可以自愈一样，我们每个人面对困境的时候，也是可以有所作为的。提高自己的心理素质，学会自我调节，学会心理适应，学会自助，每个人都可以在心理疾患发展的某些阶段成为自己的心理医生。

那么，到底有什么比较好的方法可以让自己成为自己的心理医生的呢？

1. 精神胜利法

这是一种有益身心健康的心理防卫机制。在你工作不顺心时，在你因经济上得不到合理的对待而伤感时，在你因付出很多却没有得到相应回报而郁郁寡欢时……你不妨用阿 Q 精神调适一下你失衡的心理，营造一个祥和、豁达、坦然的心理氛围。

2. 难得糊涂法

这是心理环境免遭侵蚀的保护膜。在一些非原则的问题上像郑板桥那样"糊涂"一下，既维护了领导的面子又保全了自己，这样做无疑能提高心理承受能力，避免不必要的精神痛苦和心理困惑。

3. 随遇而安法

这是心理防卫机制中一种心理的合理反应，能培养自己适应各种环境的能力。生老病死、天灾人祸都会不期而至，用随遇而安的心境去对待生活，"既来之，则安之"，你将拥有一片宁静清新的心灵天地。

4. 幽默人生法

这是心理环境的"空调器"。当你受到挫折或处于尴尬紧张的境况时，可用幽默化解困境，维持心态平稳。幽默是人际关系的润滑剂，它能使沉重的心境变得豁达、开朗。

5. 宣泄积郁法

心理学家认为，宣泄是人的一种正常的心理和生理需要。你悲伤忧郁时不妨与异性朋友倾诉，也可以进行一项你所喜爱的运动，或在空旷的原野上大声喊叫，这样做既能呼吸新鲜的空气，又能宣泄内心的积郁。

6. 音乐冥想法

当你出现焦虑、忧郁、紧张等不良情绪时，不妨试着做一次心理"按摩"，在音乐中逛逛"维也纳森林""坐邮递马车"……这将帮助你平息焦虑等情绪。

此外，还可以给生活做"加减乘除"法，会自我减压，可达到心理免疫的目的。

7. 加法

积极参加体育锻炼，拓展生活圈子。任何项目的体育活动都能使人感到惬意，但要控制运动量。另外，与其在家中使用健身器械，不如到公园散步，同朋友踢球或者登山、游泳。有意结交新朋友，接受新信息，开阔视野。

8. 减法

降低生活标准，接受别人帮助。对生活高标准严要求的人不在少数，这些人应该学会适度放松，不要认为自己能够做好一切事情。如果遇到力所不能及的事，最好能请别人帮忙。

9. 乘法

给自己留一些时间，要学会多留些时间给自己。一个人如果总是不闲着，会使周围人的情绪也随之紧张。如果感到累了，一定要休息，即使不累，为了爱惜自己也不妨躺下来放松一会儿。

10. 除法

不要总想自己能够同时做好几件事。与其同时忙碌好几件事情，不如考虑如何提高效率。比如说做家务，最好是把家务分成几部分来做。如今天整理浴室，明天除尘，后天擦窗户。心理学家认为，适度的家务劳动会给人带来愉快感。

千金难买一笑 **82**

"笑很简单，是人类与生俱来的本领；笑也很复杂，蕴含着许多人们可能从来没听说过的学问。"美国心理学家史蒂夫·威尔逊是"世界欢笑旅行"组织的创始人，他对笑进行了多年研究，号召人们大笑。同时，他还与同事一起发现了许多关于"笑"的科学趣闻。

哈佛国际经济学教授杰佛里·萨克斯曾说："冷漠无情，就是灵魂的瘫痪，就是过早的死亡。"由此可见，冷漠无情对健康是有害而无益的。相反的是，笑对人类的健康起着非常重要的作用。

美国马里兰大学医学教授迈克尔·米勒称，大笑可以提高内啡肽水平、强化免疫系统、增加血管中的氧气含量。苏州荣格心理咨询中心督导王国荣认为，笑对抑郁症患者有很大帮助。研究显示，笑主要有以下六大好处。笑是特效止痛剂。研究证明，笑是最自然、最没有副作用的止痛剂。当你笑时，脑中的快乐激素便会释出，快乐激素是最有效的止痛化学物质，能缓和体内各种疼痛，因此一些罹患风湿、关节炎的人，也要经常笑笑，以减轻病情。

笑是个神奇的东西，它有以下作用：

1. 燃烧卡路里，帮助减肥

大笑是保持身材苗条的最佳方法。德国研究人员发现，大笑 10—15 分钟可以增加能量消耗，使人心跳加速，燃烧一定能量的卡路里。

2. 增强免疫力

笑能令体内的白细胞增加，促进体内的抗体循环，这都能增强免疫能力，对抗病菌。另外笑也有助血液循环，加速新陈代谢，给人很有活力的感觉。

3. 使心脏更强壮

研究显示，风趣幽默、喜欢与人谈笑的人患心血管疾病的概率较低。由于笑能使血液循环更好，血液流通可以避免有害物质的积聚，因而减少对血管的威胁，减少心脏病发生的机会。

4. 笑助人升职

微笑让一个人看起来有魅力、善社交、充满自信，还能促进自我价值感上升，帮助人们有勇气克服困难。爱笑的人最容易得到晋升。

5. 赶走压力

一个人大笑的时候，身体立即释放内啡肽，驱走负面情绪，释放压力。强迫自己笑也能有同样效果。

英国著名化学家法拉第，晚年经常头痛难忍，多方求医无果。后来有一位高明的医生发现他整天忙于工作，精神极度紧张，便对症下药开了如下处方："丑角进城，胜过一打医生。"法拉第心领神会，悟出其中的奥秘，于是经常去看喜剧。丑角的精彩表演常常使他开怀大笑，困扰他多年的病竟痊愈了。

法国有一位老太太卡尔芒活了122岁，基尼斯大全把她列入世界长寿之最。许多人都想揭开她长寿的奥秘，向她寻求长寿的秘诀。卡尔芒极富幽默感，她认为长寿的秘诀是笑，她说："如果我死了，那也是因为笑。"

在印度孟买，有个名叫马丹·卡塔里亚的人创立了"欢笑诊所"，专治心情压抑等心理疾病，取得了显著疗效。他鼓励人们每天开怀大笑一次，在全世界第一个摸索出成套专业欢笑办法。目前，他在印度已经开设了150家"欢笑诊所"，并走出国门，在法国、德国和美国也开设了"欢笑俱乐部"。感兴趣的人们可以在"欢笑俱乐部"学到各种各样的笑，"哈哈"开怀大笑；"吃吃"抿嘴偷乐；抱着胳膊会心微笑……美国好莱坞专门为他拍摄了一部能让癌症病人大笑不已心情愉快的电影。美国一些生理学家、心理学家研究表明：欢笑可以降低血压，减少产生压抑情感的激素，增强肌肉的弹性，促进免疫功能，激发人体镇痛激素的释放。

微笑是一个无言的答语，它表示欣赏对方的感情、表示领略、表示欢迎、表示歉意。

微笑有时充满了神秘的作用。有人说笑是人际交往的"润滑剂"；有人赞美笑是礼貌之花，认为笑是友谊之花，笑是刚开启的美酒，醉人心怀；笑是暖融的春风，将人陶醉，微笑对你、对他、对大家都有好处。

卢梭曾经说过："失却了嘴边总是挂着笑的年纪，谁不为之感到惋惜？"

人生在世，不如意事常十之八九，痛苦多而快乐少，烦恼多而幸福少。要使一个人身心健康，要使一个人从烦恼、痛苦中解脱出来，还有什么能比得上笑这个美妙的工具呢？

你不仅要学会对他人微笑，对自己嘲笑，你还要学会对生活中的不如意之事一笑置之，对那些困难、危险不妨笑脸相迎。

阿尔方斯·阿莱曾这样说过："从来不露笑容的人并不等于严肃的人。"

如果你是一个不苟言笑、一本正经，而且不知道怎样笑的人，那你的一生恐怕太阴暗了吧，劝你还是去看一些喜剧电影、喜剧小品、喜剧电视！要不然你可以看看英国著名喜剧系列《憨豆先生》，让你在自觉不自觉之间学会捧腹大笑。

国外曾有一句处世格言："一个人的微笑价值百万美元。"这足以说明一张笑脸对人际交往、对个人事业来说有多么重要。

学会笑吧，不管你学会的是哪一种笑，都会对你的人生有益而无害，除非是太恶意或太歹毒的笑。冷笑、有礼貌的微笑、微笑、不要出声的笑、笑、大笑、狂笑、捧腹大笑、笑得要死……